■国家重点研发计划核安全与先进核能技术重点专项"在役核电站重要构筑物及设备材料老化退化行为规律与预测模型研究"项目成果

压水堆核电厂辐照监督管理体系

生态环境部核与辐射安全中心　著

中国原子能出版社

图书在版编目（CIP）数据

压水堆核电厂辐照监督管理体系 / 生态环境部核与
辐射安全中心著. --北京：中国原子能出版社，
2023.12

ISBN 978-7-5221-3223-5

Ⅰ. ①压… Ⅱ. ①生… Ⅲ. ①压水型堆–核电厂–辐
射监测–研究–中国 Ⅳ. ①TM623.91②X837

中国国家版本馆 CIP 数据核字（2023）第 256276 号

压水堆核电厂辐照监督管理体系

出版发行	中国原子能出版社（北京市海淀区阜成路 43 号　100048）
责任编辑	徐　明
封面设计	邢　锐
责任校对	冯莲凤
责任印制	赵　明
印　　刷	北京九州迅驰传媒文化有限公司
经　　销	全国新华书店
开　　本	787 mm×1092 mm　1/16
印　　张	7
字　　数	137 千字
版　　次	2023 年 12 月第 1 版　2023 年 12 月第 1 次印刷
书　　号	ISBN 978-7-5221-3223-5　　　定　价　88.00 元

发行电话：010-68452845　　　　　版权所有　侵权必究

编 委 会

主　　编：房永刚　曾　珍

副 主 编：初起宝　吕云鹤　白欢欢

编著人员：房永刚　曾　珍　初起宝　王　庆

　　　　　王　臣　吕云鹤　白欢欢　陈金博

　　　　　车树伟　李铁萍　马若群　侯春林

　　　　　孙柳烨　李仲勋　慎英才　赵海涛

　　　　　李明超

前　言

在核电厂服役过程中，反应堆压力容器（RPV）性能会随温度、快中子辐照作用等影响发生改变，主要表现为堆芯环带区材料强度的增加和韧性的降低。为保证压力容器运行期间的结构完整性，世界主要核电发达国家收集整理了压力容器辐照监督数据，建立了数据库和辐照脆化预测模型。

美国 RPV 辐照监督体系是全面和公开的，轻水堆 RPV 监督标准体系包括有大量 ASTM 标准、NRC 法规文件以及 ASME 规范标准。法国 RCC 系列规范首先从法国核安全局发布的 RFS《基本安全规则》法国法令（1974 年 2 月 26 日）法规层面对反应堆压力容器材料的辐照监督提出了指导性要求，RCC-M《法国核电厂设计和建造规则》和 RSE-M《压水堆核电厂核岛机械设备在役检查规则》对反应堆压力容器从设计建造到在役运行期间涉及的相关辐照监督要求进行了系列规定，用于指导 RPV 设计和辐照监督工作。德国、日本等国家也制定了相关要求。

我国尚未对国内辐照监督数据进行统一收集和整理，在工程设计和运行评估中基本使用了国外的辐照脆化预测模型，而这些模型对我国 RPV 材料并不完全适用，因此亟待开发建立我国 RPV 材料的辐照监督数据库，以便为后续建立辐照脆化预测模型提供基础数据。

本书作为国内系统全面介绍国内外压水堆核电厂辐照监督管理体系的专著，填补了国内核电相关书籍在系统介绍核电厂辐照监督管理体系这一领域的空白。本书既可作为了解压水堆核电厂辐照监督管理体系的科普读物，也可作为核电行业相关从业人员深入理解核电厂辐照监督管理体系的重要技术参考文献。

本书由房永刚、曾珍主持编写，第一章由初起宝、马若群编写，第二章由吕云鹤、李铁萍编写，第三章由白欢欢、陈金博编写，第四章由车树伟、孙柳烨、赵海涛编写，第五章由曾珍、侯春林编写，第六章由李仲勋、慎英才、李明超编写，第七章由王臣、房永刚编写，第八章由王庆、房永刚编写。

鉴于编者水平以及资料来源的限制，书中难免存在纰漏和值得深入探讨之处，恳请广大读者批评指正。

目　录

1 引　言

反应堆压力容器（RPV）是核电厂不可更换的关键核心设备，是防止核电厂放射性泄漏的主要屏障，其使用寿命决定了核电厂的寿命，直接影响核电厂的经济性和安全性。在服役过程中，RPV 长期受高温、高压和快中子辐照（$E \geqslant 1\ \mathrm{MeV}$）的影响，材料性能随服役周期延长发生改变，主要体现为强度的增加和韧性的降低，即韧脆转变温度（DBTT）升高、上平台（USE）能量降低、断裂韧性 K_{IC} 值减小等，影响最大的是堆芯强辐照区的辐照脆化效应。由于 RPV 是高温高压容器，其材料性能一旦降级到发生脆性断裂时，那将是灾难性的重大事故。为了防止重大事故发生，在设计阶段需根据相关辐照脆化预测模型对辐照脆化趋势进行预估。在运行阶段，需定期根据辐照监督试验结果对辐照脆化程度进行评估，并进而修订 RPV 运行参数。

由此可见，准确的 RPV 辐照脆化趋势预测，可以在设计阶段有效评估 RPV 的老化状态，确保 RPV 运行的安全，并在该前提下，最大限度地提高反应堆的运行功率和服役年限。辐照性能数据是制定现有辐照脆化趋势预测模型的数据基础，目前世界核电发达国家都已经收集整理了 RPV 随堆辐照监督及实验堆数据，并以此建立了辐照脆化预测模型，如 RG 1.99（Rev2）、RG 1.99（Rev3）、JEAC 4201、FIS 和 RCC-M 规范公式等。我国尚未对国内各机组的辐照监督数据结果进行有机整合，未建立适合我国核电站 RPV 材料辐照脆化的预测模型，在评估 RPV 材料辐照脆化状态时，主要选用国外的预测模型，而这些预测模型通常建立较早，考虑的材料主要为早期的材料性能和成分，对我国国产压力容器材料辐照脆化评估并不完全适用，这严重制约了我国核电的发展。随着我国运行核电厂压力容器辐照监督数据的逐渐增加，我国已基本具备建立 RPV 材料辐照监督数据库和开发辐照脆化预测模型的基础，这对我国核电自主设计和运行机组的长寿期安全评价具有重大意义。

通过收集整理和研究国外公开的辐照监督数据，包括材料性能、中子注量和辐照性能等，并通过数据分析为辐照监督数据库的建立和预测模型的开发提供技术支撑。

2　辐照脆化机理研究

由于压力容器服役环境十分恶劣，受到高温、高压和快中子辐照的共同作用，其老化行为比较复杂，主要表现为辐照脆化和热老化。近年来，制造商在压力容器生产制备过程中，通过对 P、S 等对热老化敏感的合金元素进行严格控制，大大地降低了压力容器的热老化概率。因此，辐照脆化成为影响 RPV 寿命和电站安全的最关键因素。

2.1　反应堆压力容器材料

RPV 装载着堆芯核燃料，是包容放射性的第二道屏障，在设计上要保证高度的结构完整性。压水堆反应堆压力容器材料一般都是在工程上成熟的材料基础上改进而成的。美国第一代压水堆核电站反应堆压力容器材料用的是具有优良工艺稳定性、焊接性和强度较好的锅炉钢 A212B（法兰锻件为 A350LF$_3$），由于 A212B 钢淬透性和高温性能较差，第二代改用 Mn-Mo 钢 A302B（锻材为 A336），该钢中的 Mn 是强化基体和提高淬透性的元素，它能提高钢的高温性能及降低回火脆性。随着核电站向大型化发展，压力容器也随之增大和增厚，A302B 钢缺口韧性差的不足就逐渐显露出来，为保证厚截面钢的淬透性，使强度与韧性有良好的配合，20 世纪 60 年代中期又对 A302B 钢添加 Ni，改用淬透性和韧性比较好的 Mn-Ni-Mo 钢 A533B（锻材为 A508-Ⅱ钢），并以钢包精炼、真空浇铸等先进炼钢技术提高钢的纯净度、减少杂质偏析，同时将热处理由正火＋回火处理改为淬火＋回火的调质处理，使组织细化，以获得强度、塑性和韧性配合良好的综合性能。与此同时，由于壁厚增加和面对活性区的纵向焊缝辐照性能差，所以将压力容器由板焊接结构改为环锻容器，材料采用 A508-Ⅱ钢。它曾盛行一时，但自 1970 年西欧发现 A508-Ⅱ钢堆焊层下有再热裂纹之后，又发展了 A508-Ⅲ钢。

A508-Ⅲ钢是在 A508-Ⅱ钢基础上，通过减少碳化物元素 C、Cr、Mo、V 的含量，以减少再热裂纹敏感性，使基体堆焊不锈钢堆焊层后，降低产生再热裂纹的倾向。为弥补因减少淬透性元素而降低的强度和淬透性，特增加了 A508-Ⅲ钢中的 Mn 含量。因 Mn 易增大钢中偏析，故又降低了磷、硫含量。硅在上述钢中是非合金化元素，有增加偏析、降低钢的塑、韧性的倾向，其残存量以偏低为好。厚截面的 A508-Ⅲ 钢淬火后，基体组织是贝氏体，当冷却速度不足时，将出现铁素体和珠光体，这种组织较贝氏体粗大，对提高强度和韧性不利，所以反应堆压力容器用钢要求采用优化的调制热处理工艺。

目前压水堆核电站 RPV 用钢主要有两种：Mn-Ni-Mo 系低合金钢，主要在美国、法国、日本、德国、中国等核电国家使用，典型牌号包括 SA533B、SA508-Ⅱ、SA508-Ⅲ（美国牌号）和 16MND5（法国牌号）等；Cr-Mo-V 系低合金钢，主要是俄罗斯 WWER 型 RPV 使用，典型牌号为 15Kh2MFa、15KhNMFAA 等。各国材料牌号化学成分见表 2-1。

表 2-1　压力容器用钢化学成分

材料名称	化学成分（质量分数）/%									
	C	Si	Mn	Ni	Cr	Mo	P	S	Cu	V
A212B	0.30	0.15～0.30	0.85～1.20							
A302B	≤0.26	0.13～0.32	1.10～1.55			0.41～0.64	0.035	0.040		
A533B	≤0.25	0.15～0.30	1.51～1.50	0.40～0.70		0.45～0.60	<0.35	<0.40	0.12	
A508-Ⅱ	≤0.27	0.15～0.35	0.50～0.90	0.50～0.90	0.25～0.45	0.55～0.70	≤0.025	<0.025	0.10	005
美国 A508-Ⅲ	≤0.26	0.15～0.40	1.20～1.50	0.40～1.00	<0.25	0.45～0.55	≤0.025	<0.025	<0.10	0.01～0.05
20MnMoNi 55 德国 A508-Ⅲ	0.17～0.23	0.15～0.30	1.20～1.50	0.50～1.00	<0.20	0.40～0.55	<0.012	<0.015	<0.12	≤0.02
16MND 5 法国 A508-Ⅲ	≤0.20	0.10～0.30	1.15～1.55	0.50～0.80	0.25	0.45～0.55	≤0.008	≤0.008	≤0.08	≤0.01
SF VV 3 日本 A508-Ⅲ	0.15～0.22	0.15～0.35	1.40～1.50	0.70～1.00	0.06～0.20	0.46～0.64	≤0.003	<0.003	0.02	0.007
中国 A508-Ⅲ	≈0.19	0.19～0.27	1.20～1.43	0.73～0.79	0.06～0.12	0.48～0.51	<0.009	<0.006	0.034～0.070	0.005～0.05
俄罗斯 15X2HMФA	0.13～0.18	0.17～0.37	0.30～0.60	1.0～1.5	1.8～2.3	0.50～0.70	≤0.025	≤0.025	≤0.15	0.30
俄罗斯 15X2HMФA-A	0.13～0.18	0.17～0.37	0.30～0.60	1.0～1.2	1.8～2.3	0.50～0.70	≤0.02	≤0.02	≤0.05	0.10～0.12

注：俄罗斯钢号中的 X、H、M、Ф 分别代表 Cr、Ni、Mo、V；A 表示高质量钢，A-A 表示改进型

Mn-Ni-Mo 系和 Cr-Mo-V 低合金钢特征是随着温度降低具有韧脆转变特点，即在某一临界温度以下材料表现为脆性断裂，而当温度较高时，材料则表现为韧性断裂。辐照脆化将导致 RPV 材料的断裂韧性下降，表现为韧脆转变温度（DBTT）上升，上平台能量（USE）下降。辐照脆化压缩了 RPV 的压力-温度（$P\text{-}T$）运行窗口，为确保 RPV 结构完整性，需定期评估辐照脆化的程度和预测辐照脆化趋势。

2.2 辐照脆化机理

反应堆压力容器材料在使用过程中，受到快中子（$E > 1\ \text{MeV}$）轰击后，被碰撞的原子产生离位现象，即中子传递给原子的能量足够大时，原子将脱离点阵结构而产生空位，如果离位原子不能返回原位而停留在晶格间隙，则形成间隙原子，该原子与空位合称为 Frenkel 对缺陷。快中子不仅产生大量的初级离位原子，还会发生级联碰撞，形成许多点缺陷和缺陷团，并且演化出离位峰、层错、位错环、贫原子区、微空洞以及析出相等，这是引起材料性能的宏观变化即辐照效应的主要原因[1]。

辐照效应变化的总趋势是强度升高，塑性、韧性下降，即表现出辐照脆化。国内外对压力容器材料做了大量的辐照脆化研究，结果表明辐照脆化过程非常复杂，但冶金因素、辐照温度和辐照注量是最敏感的参数。钢中杂质越多、晶粒组织越粗大、杂质含量越高（尤其是 Cu、P 含量高时，产生富 Cu 析出物和 P 析出物），辐照脆化就越大。低温辐照、高中子注量的情况下，辐照脆化效应也高，但是注量超过一定程度以后，辐照脆化效应会变缓，将逐渐达到饱和状态[2]。辐照脆化影响因素在 2.3 节中有进一步介绍。

研究表明，RPV 用钢辐照脆化机制主要包括硬化引起的脆化和非硬化引起的脆化。硬化引起的脆化是由辐照诱发的稳定基体缺陷和辐照与热老化共同作用引起的溶质原子沉淀物析出（如富 Cu 沉淀析出物、Mn-Ni-Si 析出物等）造成的；非硬化引起的脆化主要是指长期热老化和辐照老化引起的 P 原子沿晶界的偏析。一般 P 元素沿晶界的偏析会在 RPV 长期服役（60 年以上）后发生，对现役 RPV 的辐照脆化贡献不大。具体介绍如下[3]。

（1）稳定基体缺陷。

用实验方法观察空位团和自间隙原子团等基体缺陷几乎是不可能的，人们利用计算机模拟技术，研究空位团和自间隙原子团的形成及演化过程，并获得了基体缺陷与中子注量率、注量及辐照温度的关系。Soneda 等人[4]利用分子动力学计算出了自间隙原子团和空位团的密度随中子注量的变化关系以及注量率对上述基体缺陷的影响。可看出，随着注量的增加，自间隙原子团和空位团的密度均呈现上升趋势。

（2）溶质原子沉淀物。

富 Cu 原子析出沉淀是 RPV 材料辐照硬化的另一主要因素。Miller 等人[5]利用三维原子探针对辐照后的高铜 RPV 材料（Cu 含量不小于 0.1%）进行观察，可观测到大量富 Cu 析出物，而 P 原子则偏析在 Cu 析出物附近；富 Cu 析出物的化学成分分析表明，Cu 元素往往与 Ni、Mn、Si 原子相伴析出。对低 Cu 含量的 RPV 材料，原子探针分析观测到，在无 Cu 析出情况下，Mn-Ni-Si 会相伴析出而形成沉淀。Miller 等人还观察了 Cu 元素含量小于 0.05% 的 RPV 材料，当辐照到 2.4×10^{19} n/cm^2 时，有 Mn-Ni-Si 沉淀相析出。这是导致低铜 RPV 材料硬化的又一因素。

（3）P 元素的偏析。

P 元素对辐照脆化的影响主要体现在两个方面，一方面是 P 原子在富 Cu 沉淀物附近析出，从而使沉淀物粗化，形成 CuP 化合物；另一方面是 P 元素沿晶界的析出，弱化晶界导致脆化。大量研究表明，前者与 Cu 含量有关，钢中 Cu 含量低时，聚集成几个纳米大小的磷原子沉淀物较多；随着 Cu 含量增加，磷原子被结合在富 Cu 沉淀与基体的边沿，形成铜磷化物，从而降低了 P 元素对辐照脆化的单独影响。而后者往往发生在反应堆压力容器长期运行之后，由于长期高温和辐照共同作用下，导致 P 原子的扩散能力增强，最终沿晶界析出弱化晶界从而使材料发生脆化。这种机制的辐照脆化通常发生在机组运行 60 年之后的 RPV。

2.3　辐照脆化影响因素

反应堆压力容器材料辐照脆化的影响因素有中子注量、合金成分、辐照温度、中子注量率、中子能谱、金属微观结构、冶炼和加工以及焊接等。其中中子注量、合金成分和辐照温度为主要因素，下面分别介绍[6]。

2.3.1　中子注量

中子注量是影响辐照脆化的一个重要因素，一般反应堆压力容器材料均是随着中子注量的增加辐照脆化程度加大，而且在不同辐照温度下都有这样的趋势。其主要原因是随着中子注量的增大，受中子撞击的晶格原子数量增多，即产生点缺陷的数量增多，进而形成辐照缺陷的数量增加，使辐照脆化效应增大。表现为材料韧脆转变温度升高，断裂韧性下降等宏观性能退化。

这种辐照脆化达到一定程度后会出现饱和现象，因为基体缺陷在辐照到一定程度后，空位与间隙原子的复合概率增加，出现湮没的现象，使恢复效应增大，从而出现饱和；另一研究表明：富 Cu 沉淀析出到一定程度后，没有更多的自由 Cu 原子可以析出，从而达到辐照硬化的峰值，出现饱和现象。在达到某种稳定状态或饱和状态之前，中子注量的升高将导致韧脆转变温度 RT_{NDT}、屈服强度和硬度的升高，以及夏比冲击韧性和上平台能量的降低。RPV 筒体环向和纵向（轴向）上，中子注量和辐照破坏在不同的部位变化很大。

2.3.2 合金成分

合金成分（特别是合金元素 Ni）和杂质元素（特别是 Cu、P）对辐照敏感性有强烈的影响。

合金元素又是保证反应堆压力容器钢的淬透性、塑性、可焊性和高低温强度的基础，因而对辐照性能的改进也有重要作用。

对于焊缝来说，脆化敏感性的增加显得更加显著，在等量的 Cu 含量水平下，对中子辐照脆化，焊材比母材更敏感。

关于杂质元素对 RPV 材料的辐照敏感性的影响，早期量化此影响的方法表明 Cu 和 P 都有作用。后来，RG 1.99 第 2 版忽略了 P 的影响，但新考虑了 Ni 的影响。因此，对于低 P 钢的辐照敏感性，往往认为 Cu 和 Ni 起了主要作用。然而，不同的国家生产的 RPV 材料，其合金含量和杂质元素含量范围都不同，特别是对于当前使用的 Cu 和 Ni 含量水平低的材料，仍然有必要考虑 P 对其辐照敏感性的贡献。

Cu 杂质含量水平对辐照脆化机理的影响在国际上已经取得了共识。快中子轰击形成微小的晶阵破坏，从而导致 Cu 富集或沉析。这些沉析物会阻碍晶格位错运动，从而导致硬化和脆化。

与 Cu 和 P 不同的是，对于 Ni 在辐照硬化/脆化中的作用目前还不清楚。关于 Ni 对 RPV 钢的脆化行为的影响仍然显得模糊不清，因为不同的研究报告给出了互相矛盾的结果。

2.3.3 辐照温度

辐照温度会影响辐照脆化的程度。一般说来，辐照效应随温度的变化是相反的关系，即温度越高，辐照前后冷脆转变温度的增值越小。因为温度高时，点缺陷活动能力强，空位和间隙原子相遇而消失的恢复效应大，另外二次缺陷也容易瓦解或聚集，使硬化减小。

3 辐照脆化预测

在 RPV 的设计中，辐照后 RPV 材料的断裂韧性是通过辐照后的 RT_{NDT} 索引 K_{IR} 和 K_{IC} 曲线确定的。初始 RT_{NDT} 由落锤试验获得，辐照后的 RT_{NDT}，通过初始 RT_{NDT} 和辐照后韧脆转变温度的偏移（Transition Temperature Shift，TTS）间接获得。TTS 通常表征为韧脆转变温度增量，规范标准中通常采用未辐照和辐照后的夏比冲击试样测定的最佳拟合（平均）试验曲线在冲击吸收功为 30 ft-lb（41 J）处的标示温度之差。初始参考温度加上韧脆转变温度增量，就得到考虑了辐照效应的 RT_{NDT}，即调整参考温度。

为了确保核电站运行的安全性与经济性，各国一直致力于反应堆压力容器材料辐照脆化预测模型的研究，目前已有多个计算模型用来预测 ΔRT_{NDT} 随中子注量、合金元素、辐照温度等因素的变化。

本书将在 3.1 节至 3.9 节具体介绍了国内外的辐照脆化模型开发及应用情况。

3.1 美国辐照脆化预测公式

美国在压力容器辐照脆化方面开展了大量研究工作，并基于已发布的商用堆和实验堆数据制定了辐照脆化预测模型和公式，并随着辐照监督大纲的实施与监督数据的积累，不断修正相关模型公式。下面介绍几种应用广泛的权威模型和后期开发的可靠性较高的辐照脆化预测模型。

3.1.1 RG 1.99-1 公式

美国核管理委员会（NRC）在管理指南 RG 1.99 第 1 版[7]（即 1977 年 4 月版，本书简写为 RG 1.99-1）中推荐的公式为：

$$\Delta RT_{NDT} = [40 + 1\,000(\%Cu - 0.08) + 5\,000(\%P - 0.008)] \times (f/10^{19})^{1/2} \qquad (3-1)$$

式中，

ΔRT_{NDT}：参考温度增量，℉；

$\%Cu$：Cu 的质量百分数，若 $\%Cu \leqslant 0.08$，取 0.08；

$\%P$：P 的质量百分数，若 $\%P \leqslant 0.008$，取 0.008；

f：中子注量（$E > 1\text{MeV}$），n/cm^2。

RG 1.99-1 指出式（1）适用于屈服强度小于等于 345 MPa（50 000 psi）的 SA-302、SA-336、SA-533 和 SA-508 钢及它们的焊缝和热影响区。同时还指出式（1）在辐照温度为 550 ℉±25 ℉（274～302 ℃）范围内才是有效的；作为指导，当 Cu 含量约为 0.15% 时，450 ℉（232 ℃）下的 $\Delta\text{RT}_{\text{NDT}}$ 约为 550 ℉（288 ℃）下的两倍，650 ℉（343 ℃）下的 $\Delta\text{RT}_{\text{NDT}}$ 约为 550 ℉（288 ℃）下的一半。

RG 1.99-1 的发布主要基于发布前已有商用堆及实验数据。其中没有考虑 Ni 对辐照损伤的影响效应以及 Cu-Ni 的协同效应。自实施 RG 1.99（1）和辐照监督大纲以来，业界获得了一定数量的辐照监督数据。但是，在分析和应用这些辐照数据时发现：（1）这些数据可能不适用于新建核电厂；（2）应用这些数据作为制定核电厂压力–温度限值曲线的基准，将使美国一半核电厂的运行受到限制，降低了防止 RPV 断裂的安全裕度。因此，有必要修改或者重编该导则[8]。

3.1.2　RG 1.99-2 公式

由于 RG 1.99-1 偏保守，NRC 于 1988 年 5 月发布了管理指南 RG 1.99 第 2 版[9]。RG 1.99-2 采用了由 Guthire 对 126 个母材、51 个焊缝（共 177 个数据点）以及 Odette 对 151 个母材、65 个焊缝（共 216 个数据点）辐照监督数据进行非线性统计分析，拟合出了均值趋势模型，公式如下：

$$\text{ART} = \text{RT}_{\text{NDT}i} + \Delta\text{RT}_{\text{NDT}} + \text{Margin} \tag{3-2}$$

$$\Delta\text{RT}_{\text{NDT}} = (CF) \bullet f^{(0.28-0.10\log f)} \tag{3-3}$$

$$\text{Margin} = \sqrt{\sigma_{\text{I}}^2 + \sigma_{\Delta}^2} \tag{3-4}$$

式中，

$\Delta\text{RT}_{\text{NDT}}$：参考温度增量，℉；

CF：化学因子（焊缝和母材不同），通过表 2-1 和表 2-2 可查得，℉；

f：中子注量（$E > 1\text{MeV}$），$10^{19}\ \text{n/cm}^2$；

Margin：裕量，℉；

σ_{I}：初始参考温度 $\text{RT}_{\text{NDT}i}$ 的标准偏差，℉；

σ_{Δ}：参考温度增量 $\Delta\text{RT}_{\text{NDT}}$ 的标准偏差，℉；对于焊缝 $\sigma_{\Delta}=28$ ℉(15.6 ℃)，对于母材 $\sigma_{\Delta}=17$ ℉(9.4 ℃)，且 σ_{Δ} 应不大于 $0.5\Delta\text{RT}_{\text{NDT}}$。

从表 3-1 和表 3-2 可以看出，RG 1.99-2 模型相对于 RG 1.99-1 模型取消了 P 的影响，增加了 Ni 的影响。若 Cu、Ni 含量不可知，通常取容器制造过程中的上限值；如果这个也不可知时，以普通数据的平均值加上一倍标准偏差来保守估计；如果没有任何数据的话，取 Cu 为 0.35%，Ni 为 1.0%。

RG 1.99-2 公式适用于：（1）适用于最小屈服强度不超过 345 MPa 的 SA-302、SA-336、A-533、SA-508 钢 SA-302、336、533、508 系列钢及其焊缝和热影响区；（2）材料中 Cu、Ni 含量的限值是 Cu：0～0.40%，Ni：0～1.20%；（3）快中子（$E>1$ MeV）注量的范围为：$1\times10^{19}\sim6.3\times10^{21}$ n/cm^2。

RG 1.99-2 是基于美国早中期投入运营的压水堆和沸水堆核电厂 RPV 辐照监督数据库建立的，同样不可避免其存在局限性和保守性，有以下特征：（1）数据分散性很大；（2）部分区域数据较密，部分空白；（3）缺少低 Cu、低 P 含量钢材的辐照数据，因此对美国早期的核电厂 RPV 辐照脆化预测是可以接受的，但是对于选用新材料、新设计的新建电厂而言，使用该公式进行 RPV 辐照脆化预计时应持谨慎态度。

表 3-1　焊缝的化学因子（℉）

铜, wt-%	镍, wt-%						
	0	0.20	0.40	0.60	0.80	1.00	1.20
0	20	20	20	20	20	20	20
0.01	20	20	20	20	20	20	20
0.02	21	26	27	27	27	27	27
0.03	22	35	41	41	41	41	41
0.04	24	43	54	54	54	54	54
0.05	26	49	67	68	68	68	68
0.06	29	52	77	82	82	82	82
0.07	32	55	85	95	95	95	95
0.08	36	58	90	106	108	108	108
0.09	40	61	94	115	122	122	122
0.10	44	65	97	122	133	135	135
0.11	49	68	101	130	144	148	148
0.12	52	72	103	135	153	161	161
0.13	58	76	106	139	162	172	176
0.14	61	79	109	142	168	182	188

铜, wt-%	镍, wt-%						
	0	0.20	0.40	0.60	0.80	1.00	1.20
0.15	66	84	112	146	175	191	200
0.16	70	88	115	149	178	199	211
0.17	75	92	119	151	184	207	221
0.18	79	95	122	154	187	214	230
0.19	83	100	126	157	191	220	238
0.20	88	104	129	160	194	223	245
0.21	92	108.	133	164	197	229	252
0.22	97	112	137	167	200	232	257
0.23	101	117	140	169	203	236	263
0.24	105	121	144	173	206	239	268
0.25	110	126	148	176	209	143	272
0.26	113	130	151	180	212	246	276
0.27	119	134	155	184	216	249	280
0.28	122	138	160	187	218	251	284
0.29	128	142	164	191	222	254	287
0.30	131	146	167	194	225	257	290
0.31	136	151	172	198	228	260	293
0.32	140	155	75	202	231	263	296
0.33	144	160	80	205	234	266	299
0.34	149	164	184	209	238	269	302
0.35	153	168	187	212	241	272	305
0.36	158	172	191	216	245	275	308
0.37	162	177	196	220	248	278	311
0.38	166	182	200	223	250	281	314
0.39	171	185	203	227	254	285	317
0.40	175	189	207	231	257	288	320

表 3-2　母材的化学因子（℉）

铜, wt-%	镍, wt-%						
	0	0.20	0.40	0.60	0.80	1.00	1.20
0	20	20	20	20	20	20	20
0.01	20	20	20	20	20	20	20
0.02	20	20	20	20	20	20	20
0.03	20	20	20	20	20	20	20
0.04	22	26	26	26	26	26	26
0.05	25	31	31	31	31	31	31
0.06	28	37	37	37	37	37	37
0.07	31	43	44	44	44	44	44
0.08	34	48	51	51	51	51	51
0.09	37	53	58	58	58	58	58
0.10	41	58	65	65	67	67	67
0.11	45	62	72	74	77	77	77
0.12	49	67	79	83	86	86	86
0.13	53	71	85	91	96	96	96
0.14	57	75	91	100	105	106	106
0.15	61	80	99	110	115	117	117
0.16	65	84	104	118	123	125	125
0.17	69	88	110	127	132	135	135
0.18	73	92	115	134	141	144	144
0.19	78	97	120	142	150	154	154
0.20	82	102	125	149	159	164	165
0.21	86	107	129	155	167	172	174
0.22	91	112	134	161	176	181	184
0.23	95	117	138	167	184	190	194
0.24	100	121	143	172	191	199	204
0.25	104	126	148	176	199	208	214
0.26	109	130	151	180	205	216	221
0.27	114	134	155	184	211	225	230
0.28	119	138	160	187	216	233	239
0.29	124	142	164	191	221	241	248

铜, wt-%	镍 wt-%						
	0	0.20	0.40	0.60	0.80	1.00	1.20
0.30	129	146	167	194	225	249	257
0.31	134	151	172	198	228	255	266
0.32	139	155	175	202	231	260	274
0.33	144	160	180	205	234	264	282
0.34	149	164	184	209	238	268	290
0.35	153	168	187	212	241	272	298
0.36	158	173	191	216	245	275	303
0.37	162	177	196	220	248	278	308
0.38	166	182	200	223	250	281	313
0.39	171	185	203	227	254	285	317
0.40	175	189	207	231	257	288	320

3.1.3 NUREG/CR-6551 公式（EWO 模型）

20 世纪 90 年代中期，随着辐照监督数据的增多，NRC 选择了 E.D.Eason、J.E.Wright 和 G.R.Odette 团队开展了新一轮的辐照脆化预测模型（EWO 模型）优化工作。EWO 模型吸收了最新的辐照脆化机理研究成果，对 PR-EDB[10]（Oak Ridge 美国国家实验室）的反应堆辐照脆化数据库进行数据筛选与系统的可靠性分析后，最终形成技术报告 NUREG/ CR-6551 并对外发布[11]。EWO 模型首次在公式中采用了 $\Delta T_{41J}=\mathrm{SMD}+\mathrm{CRP}$ 形式，体现了稳定基体缺陷（SMD）和溶质原子沉淀（CRP，主要是富 Cu 沉淀）两种独立的辐照脆化机理，每种辐照脆化损伤机理都单独考虑了化学元素和中子注量的影响。公式中非整数的常数都是根据最小二乘方法拟合得到的，公式拟合时用了 609 个已知 ΔT_{41J} 和各个独立参数的数据，拟合后公式的标准偏差为 23 ℉（12.8 ℃）。

该模式的公式具体如下：

$$\Delta \mathrm{RT}_{\mathrm{NDT}}=A\exp\left(\frac{1.906\times10^{4}}{T_{c}+460}\right)(1+57.7P)f(\phi t)+B(1+2.56Ni^{1.358})h(Cu)g(\phi t) \qquad （3-5）$$

其中，

$$A=\begin{cases}1.24\times10^{-7}, 板材 \\ 8.98\times10^{-8}, 锻件 \\ 1.10\times10^{-7}, 焊缝\end{cases} \qquad （3-6）$$

$$B = \begin{cases} 172, \text{板材} \\ 135, \text{锻件} \\ 209, \text{焊缝} \end{cases} \tag{3-7}$$

$$f(\phi t) = \left(\frac{\phi t}{10^{19}}\right)^{\left[0.444\,9 + 0.059\,71\lg\left(\frac{\phi t}{10^{19}}\right)\right]} \tag{3-8}$$

$$g(\phi t) = \frac{1}{2} + \frac{1}{2}\tanh\left[\frac{\lg(\phi t + 5.48 \times 10^{12} t_i) - 18.290}{0.600}\right] \tag{3-9}$$

$$h(Cu) = \begin{cases} 0, Cu \leqslant 0.072 \text{ wt\%} \\ (Cu - 0.072)^{0.678}, 0.072 < Cu < 0.300 \text{ wt\%} \\ 0.367, Cu \geqslant 0.300 \text{ wt\%} \end{cases} \tag{3-10}$$

式中,

$\Delta \text{RT}_{\text{NDT}}$:参考温度增量,℉;

T_c:冷却剂温度,℉;

t_i:辐照时间,h;

ϕt:中子注量($E > 1\,\text{MeV}$),n/cm^2;

Cu, Ni, P:Cu、Ni 和 P 的质量百分数。

该模型中 Cu 和 Ni 等关键变量趋势比 RG 1.99-2 有了很大的改善,相比 RG 1.99-2 显著降低了板材、锻件和焊缝数据的分散度。但是,NUREG/CR-6551 同样存在 RG 1.99-2 中的问题,Cu 含量适用范围为 0.072%～0.30%,对于含 Cu 量较低的钢材仍不准确。

3.1.4　修订的 EWO 模型

2000 年 7 月,反应堆脆化数据库 PR-EDB 被重新校准并扩展。研究团队对 NUREG/CR-6551 中的模型再次进行修改,形成了修订的 EWO 模型,新模型经 734 个数据校正,数据分散度进一步降低[12]。该模型曾拟用于 NRC RG 1.99-3(尚未发布),公式具体如下:

$$\begin{aligned} \Delta \text{RT}_{\text{NDT}} = &A\exp\left(\frac{19\,310}{T_c + 460}\right)(1 + 110P)(\phi t)^{0.460\,1} \\ &+ B(1 + 2.40Ni^{1.250})f(Cu)g(\phi t) + \text{Bias} \end{aligned} \tag{3-11}$$

其中,

$$A=\begin{cases}12.7\times10^{-17}, \text{板材}\\9.30\times10^{-17}, \text{锻件}\\8.86\times10^{-17}, \text{焊缝}\end{cases} \quad (3\text{-}12)$$

$$B=\begin{cases}206, \text{CE公司制造容器所用板材}\\156, \text{其他板材}\\132, \text{锻件}\\230, \text{焊缝}\end{cases} \quad (3\text{-}13)$$

$$f(\text{Cu})=\begin{cases}0, Cu\leqslant 0.072 \text{ wt\%}\\(Cu-0.072)^{0.659}, Cu>0.072 \text{ wt\%}\end{cases} \quad (3\text{-}14)$$

$$g(\phi t)=\frac{1}{2}+\frac{1}{2}\tanh\left[\frac{\lg(\phi t+4.579\times10^{12}t_i)-18.265}{0.713}\right] \quad (3\text{-}15)$$

$$\text{Cu}_{max}=\begin{cases}0.25, \text{使用Linde 80或Linde 0091焊剂的焊缝}\\0.305, \text{其他}\end{cases} \quad (3\text{-}16)$$

$$\text{Bias}=\begin{cases}0, \quad t_i<97\,000 \text{ h}\\9.4, \quad t_i\geqslant 97\,000 \text{ h}\end{cases} \quad (3\text{-}17)$$

式中，

$\Delta\text{RT}_{\text{NDT}}$：参考温度增量，℉；

T_c：冷却剂温度，℉；

t_i：辐照时间，h；

ϕt：中子注量（$E>1\text{MeV}$），n/cm^2；

Cu, Ni, P：Cu、Ni 和 P 的质量百分数。

RG 1.99-3 的模型相对于 NUREG/CR-6551 的考虑有：

（1）经过长时间的辐照后，发现 NUREG/CR-6551 模型对 $\Delta\text{RT}_{\text{NDT}}$ 明显预测不足。这种长时间效应部分地与 NUREG/CR-6551 模型中的注量/时间项混淆，因此，设计了一种方法来阻止这种混淆，并分别校准两个与时间有关的效应；

（2）还发现在板材（A533 和 A302）数据中，燃烧工程公司（Combustion Engineering）生产的容器中板材的 $\Delta\text{RT}_{\text{NDT}}$ 倾向于预测不足，而其他制造商生产的容器中板材的 $\Delta\text{RT}_{\text{NDT}}$ 倾向于预测过高。虽然对这一观察结果的物理解释尚未形成，但这种"容器制造商效应"在统计学上具有高度显著性；

（3）由于使用 Linde 80 和 0091 焊剂的焊缝与使用其他焊剂的焊缝相比，铜的最大值较低，通过为不同的焊缝类别定义两个不同的铜最大值，优化了铜模型。

表 3-3 对比了三个模型的标准偏差，可以看出 RG 1.99-3 在数据分散度上有所改进。

表 3-3　三种模型的标准偏差对比

ΔRT_{NDT} 模型	RG 1.99-2	NUREG/CR-6551	RG 1.99-3
校准用的数据点数量	609*	609	736
ΔRT_{NDT} 的标准偏差/℉	26.6 (14.8 ℃)	23.0 (12.8 ℃)	21.5 (11.9 ℃)

注：*表中 RG 1.99-2 模型用 NUREG/CR-6551 中的 609 个数据进行校准

3.1.5　简化的 EWO 模型

为了促进修订的 EWO 模型的发展，美国压水堆材料可靠性项目（MRP）利用 2000 年 5 月前获得的冲击数据对模型开展独立审查[13]，发布了简化的 EWO 模型。模型公式见公式（3-18）。

$$\Delta RT_{NDT} = A \exp\left(\frac{20\,730}{T_c + 460}\right) f^{0.5076} + B(1 + 2.106 Ni^{1.173}) F(Cu) G(f) \tag{3-18}$$

$$A = 6.70 \times 10^{-18} \tag{3-19}$$

$$B = \begin{cases} 234, & \text{焊缝} \\ 128, & \text{锻件} \\ 208, & \text{CE公司容器板材} \\ 156, & \text{其他板材} \end{cases} \tag{3-20}$$

$$F(Cu) = \begin{cases} 0, & Cu \leqslant 0.072 \text{ wt\%} \\ (Cu - 0.072)^{0.577}, & Cu > 0.072 \text{ wt\%} \end{cases} \tag{3-21}$$

$$G(f) = \frac{1}{2} + \frac{1}{2} \tanh\left[\frac{\lg(f) - 18.24}{1.052}\right] \tag{3-22}$$

式中，

ΔRT_{NDT}：参考温度增量，℉；

T_c：冷却剂温度，℉。

公式适用范围：

（1）材料类型：A533B-1、A533B-2、A302B、A508-2 和 A508-3。

（2）Cu 含量：0～0.5 wt%。

（3）Ni 含量：0～1.3 wt%。

（4）P 含量：0～0.025 wt%。

（5）辐照温度：500～570 ℉(260～290 ℃)。

（6）中子注量：1×10^{16}～8×10^{19} n/cm^2 ($E > 1$ MeV)。

（7）中子注量率：$2 \times 10^8 \sim 10^{12}$ n/cm²/s（$E > 1$ MeV）。

该模型对修订的 EWO 模型进行了简化，删除了 5 个参数变量，其中包括，3 个 A 参数减为 1 个，P 含量的影响从基体损伤维度中删除，辐照时间的影响从富 Cu 沉淀硬化维度中删除，删除长期辐照造成的时效偏差。该预测模型是建立在对现役核电站辐照监督数据分析的基础上，所得标准误差为 22.0 ℉（12.2 ℃）。误差的主要来源为输入参数（Cu、Ni、中子注量和辐照温度）的不确定性，其次为转变温度的定义和模型误差，因此预测公式使用时存在的不确定度主要取决于输入参数的不确定度。当输入参数的不确定度与数据库的不确定度相似时，公式使用时的误差几乎是恒定的；当输入参数的不确定度超过数据库的不确定度时，公式在使用时就需要进行一定的修正。模型的简化同样基于数据分析的结果，而不是辐照机理上的认识深化，例如 P 含量和中子注量率都是 RPV 钢辐照脆化的潜在影响因素，但在该模型上均不需为此对预测结果进行修正。

该模型已被 ASTM E 900-02 采用[14]。

3.1.6　EONY 模型（ASME2013 版模型）

美国 NRC 主导下，E.D.Eason、G.R.Odette，R.K.Nanstad 和 T.Yamamoto 结合了 2007 年前的辐照监督数据（829 个数据点）以及辐照参数研究项目（IVAR）研究成果共同开发了 EONY 模型[15]，标准误差为 11.7 ℃。IVAR 项目系统研究了各个辐照参数及其协同效应对辐照脆化效应的影响，为 EONY 模型在公式和参数拟合过程中能够提供坚实的理论基础和较高的科学性。虽然其形式与 EWO 模型类似，都包括基体损伤（MF）和富 Cu 沉淀（CRP）两部分的贡献，但细节处理上在引入了新的关键参数，如有效注量[16]，Mn-P 对于基体损伤的协同效应，以及 P 对富 Cu 沉淀的贡献等。具体模型公式为：

$$\Delta \mathrm{RT}_{\mathrm{NDT}} = \mathrm{MF} + \mathrm{CRP} \tag{3-23}$$

$$\mathrm{MF} = A(1 - 0.001\,718 \cdot T_i)(1 + 6.13 \cdot P \cdot M_{\mathrm{n}}^{2.471})(\Phi_{\mathrm{e}})^{1/2} \tag{3-24}$$

其中：

$A = 1.140 \times 10^{-7}$（锻件）；

$A = 1.561 \times 10^{-7}$（板材）；

$A = 1.417 \times 10^{-7}$（焊材）；

T_i：为辐照温度℉；

P：磷含量 wt%；

M_{n}：锰含量 wt%；

Φ_{e}：有效中子注量 cm⁻²。

$$\Phi_e = \begin{cases} \Phi & \text{for} \quad \phi \geqslant 4.39 \times 10^{10} \\ \Phi \left(\dfrac{4.39 \times 10^{10}}{\phi} \right)^{0.2595} & \text{for} \quad \phi < 4.39 \times 10^{10} \end{cases} \tag{3-25}$$

其中：

Φ：中子注量 cm^{-2}；

ϕ：中子注量率 cm^{-2} s^{-1}。

$$CRP = B(1 + 3.77 \cdot N_i^{1.191}) f(Cu_e, P) g(Cu_e, N_i, \Phi_e) \tag{3-26}$$

其中：

N_i：镍含量 wt%；

Cu：铜含量 wt%。

$$f(Cu_e, P) = \begin{cases} 0 & \text{for} \quad Cu < 0.072 \\ [Cu_e - 0.072]^{0.668} & \text{for} \quad Cu > 0.072 \quad \text{and} \quad P \leqslant 0.008 \\ [Cu - 0.072 + 1.359(P - 0.008)]^{0.668} & \text{for} \quad Cu > 0.072 \quad \text{and} \quad P > 0.008 \end{cases}$$
$$\tag{3-27}$$

$$g(Cu_e, N_i, \phi t_e) = \frac{1}{2} + \frac{1}{2} \tanh \left[\frac{\lg_{10}(\phi t_e) + 1.139 Cu_e - 0.448 N_i - 18.120}{0.629} \right] \tag{3-28}$$

$$\phi t_e = \phi t \cdot \left(\frac{\phi}{\phi_{\text{ref}}} \right)^n \tag{3-29}$$

其中，Φt_c，Φ，Φ_{ref}，Φt 和 n 分别为有效注量、注量率、参考注量率、注量和优化系数。

2013 版 ASME XI 卷附录 G 中采用了 EONY 模型中的 ΔRT_{NDT} 预测公式，这是 ASME 规范中首次给出了 ΔRT_{NDT} 的预测公式。

10 CFR 50.61a 内容为承压热冲击准则，其中提供了一种辐照脆化的预测公式。

3.1.7 WR-C（5）模型

3.1.1 至 3.1.6 节中所述辐照脆化模型采用的数据均主要来自美国 EDB 数据库，研究发现，当 RPV 延寿至 80 年时（累计注量约为 10^{20} n/cm^2），这些模型都很大程度上低估了辐照脆化严重程度[17]。此外，目前新建核电站已采用纯净度较高的新型 RPV 钢，这些模型是否适用也有待考证。基于此，M.KIRK 从世界范围内的实验堆和辐照监督管搜集了累计超过 2 500 多点的数据，包括 ΔT_{41J}、硬度和屈服强度等，拟合了 Wide Range 辐照脆化关联模型。模型公式见公式（3-30）～公式（3-33）。

$$\Delta T_{30} = \max \begin{cases} \min(Cu, 0.31) - 0.052 \\ 0 \end{cases} \times M + B \qquad (3\text{-}30)$$

$$M = \begin{bmatrix} M_W = 1.073 \\ M_P = 0.989 \\ M_F = 0.675 \end{bmatrix} \max \langle \min\{[\ln(\phi) - \ln(1.151 \times 10^{17})] \times 138.0, 613.3\}, 0 \rangle \times \left[\frac{T}{550}\right]^{-4.22} \cdot$$

$$\left[0.433 \frac{(Ni)^{1.78}}{0.63}\right]^{0.58} \cdot \left[0.1 + \frac{P}{0.012}\right]^{-0.105} \qquad (3\text{-}31)$$

$$B = \begin{bmatrix} B_W = 1.2 \\ B_P = 1.315 \\ B_F = 1.167 \end{bmatrix} \cdot \{9.335 \times 10^{-10} \cdot \phi^{0.5503}\} \times \left[\frac{T}{550}\right] \cdot \left[0.1 + \frac{P}{0.012}\right]^{-0.105} \cdot$$

$$\left[0.55 + \frac{(Ni)^{1.35}}{0.63}\right]^{-0.42} \cdot \left[\frac{Mn}{1.36}\right]^{0.173} \qquad (3\text{-}32)$$

$$\sigma = 0.070\phi^{0.138} \qquad (3\text{-}33)$$

这个模型最特别的一点是，它没有走辐照脆化机理驱动—数据辅助验证的老路，而提出了直接数据拟合的新建模方式。在假定一个初始简单公式后，根据统计数据中不同参数对辐照脆化影响的大小不同，按顺序逐步加入预测公式，先用数据拟合，然后再根据标准偏差，对预测模型进行微调，最终得到满足使用要求的结果[18]。

3.1.8 10 CFR 50.61a 模型

10 CFR 50.61a 内容为承压热冲击准则，其中提供了一种辐照脆化的预测公式：

$$\Delta T_{30} = \mathrm{MD} + \mathrm{CRP}$$

$$\mathrm{MD} = A \cdot (1 - 0.001718 T_c)(1 + 6.13 P Mn^{2.471}) \varphi t_e^{0.5}$$

$$A = \begin{cases} 1.14 \times 10^{-7}, \text{锻件} \\ 1.561 \times 10^{-7}, \text{板材} \\ 1.417 \times 10^{-7}, \text{焊缝} \end{cases}$$

$$\mathrm{CRP} = B \cdot [1 + 3.77 \mathrm{Ni}^{1.191}] f(Cu_e, P) \cdot g(Cu_e, Ni, \varphi t_e)$$

$$B = \begin{cases} 102.3, \text{锻件} \\ 102.5, \text{非燃烧工程公司的板材} \\ 135.2, \text{燃烧工程公司的板材} \\ 155.0, \text{焊缝} \end{cases}$$

$$Cu_e = \begin{cases} 0 \ \text{if} \ Cu \leqslant 0.072 \\ \min[Cu, \text{MAX}(Cu_e)] \ \text{if} \ Cu > 0.072 \end{cases}$$

$$\text{MAX}(Cu_e) = \begin{cases} 0.243, \ \text{林达 80 焊缝} \\ 0.301, \ \text{其它材料} \end{cases} \quad （3\text{-}34）$$

$$f(Cu_e, P) = \begin{cases} 0 \ \text{for} \ Cu \leqslant 0.072 \\ (Cu_e - 0.072)^{0.668} \ \text{for} \ Cu > 0.072 \ \text{and} \ P \leqslant 0.008 \\ [(Cu_e - 0.072) + 1.359(P - 0.008)]^{0.668} \ \text{for} \ Cu > 0.072 \ \text{and} \ P > 0.008 \end{cases}$$

$$g(Cu_e, Ni, \varphi t_e) = 0.5 + 0.5$$

$$\times \tanh\left\{ \frac{\lg(\varphi t_e) + 1.139\,0 \times Cu_e - 0.448 \times Ni - 18.120}{0.629} \right\}$$

该公式与 ENOY（ASME 2013 版）模型一致。

3.1.9 ASTM E900-15 模型

ASTM E900-15 预测模型如下：

$$TTS = TTS_1 + TTS_2$$

where:

$$\text{TTS}_1 = A \cdot \frac{5}{9} \cdot 1.894\,3 \times 10^{-12} \cdot \Phi^{0.569\,5} \left(\frac{1.8 \cdot T + 32}{550} \right)^{-5.47}$$

$$\left(0.09 + \frac{P}{0.012} \right)^{0.216} \left(1.66 + \frac{Ni^{8.54}}{0.63} \right)^{0.39} \left(\frac{Mn}{1.36} \right)^{0.3}$$

$$A = \begin{cases} 1.011, \ \text{锻件} \\ 1.080, \ \text{板材和 SRM 板材} \\ 0.919, \ \text{焊缝} \end{cases}$$

and:

$$TTS_2 = \frac{5}{9} \cdot \max[\min(Cu, 0.28) - 0.053, 0] \cdot M$$

$$M = B \cdot \max\{\min[113.87(\ln(\Phi) - \ln(4.5 \times 10^{20})), 612.6], 0\}$$

$$\cdot \left(\frac{1.8 \cdot T + 32}{550} \right)^{-5.45} \left(0.1 + \frac{P}{0.012} \right)^{-0.098} \left(0.168 + \frac{Ni^{0.58}}{0.63} \right)^{0.73} \quad （3\text{-}35）$$

$$B = \begin{cases} 0.738, \ \text{锻件} \\ 0.819, \ \text{板材和 SRM 板材} \\ 0.968, \ \text{焊缝} \end{cases}$$

方程中 *Cu*、*Ni*、*P* 和 *Mn* 单位为重量百分比，*Φ* 单位为 n/cm² （*E* > 1 MeV），*T* 单位为℃。

ASTM E900-15 的确定模式与 ASTM E900-02 不同，ASTM E900-15 利用 ASTM 委员会国际交流的便利条件，收集了 13 个国家的辐照监督数据，并对当时发布的各种公式进行评估校核，最终确定了 E900-15 采用的公式。

该公式拟用于 RG 1.99 第三版公式的基础，目前 NRC 正在评估该公式。

3.2 法国标准推荐公式

3.2.1 RCC-M 规范公式

法国 RCC-M《压水堆核岛机械设备设计和建造规则》（2002 年版）的 ZG3430 中推荐的公式为[19]:

$$\Delta \mathrm{RT_{NDT}} = [22 + 556(\%Cu - 0.08) + 2778(\%P - 0.008)] \times (f / 10^{19})^{1/2} \qquad (3\text{-}36)$$

式中，

$\Delta \mathrm{RT_{NDT}}$：参考温度增量，℃；

%*Cu*：Cu 的质量百分数，若 %Cu < 0.08，取 0.08；

%*P*：P 的质量百分数，若 %P < 0.008，取 0.008；

f：中子注量（*E* > 1 MeV），n/cm²。

式（3-36）的适用范围为：中子注量为 $10^{18} \sim 6 \times 10^{19}$ n/cm²，辐照温度为 275~300 ℃。可以看出，RCC-M 推荐公式与式（3-1）（RG 1.99-1 推荐公式）是相同的。

RCC-M 2007 年版由辐照效应引起的 $\Delta \mathrm{RT_{NDT}}$ 公式与 2002 年版的相同，只是中子注量适用范围有所提高，为 $10^{18} \sim 8 \times 10^{19}$ n/cm²。RCC-M 规范辐照脆化模型与 RG 1.99-1 一致。

3.2.2 RSE-M-1997

RSE-M（1997 年版，2005 年修订）B6310 中对于筒体 $\Delta \mathrm{RT_{NDT}}$ 的预测推荐 FIS 公式，对于焊缝 $\Delta \mathrm{RT_{NDT}}$ 的预测推荐 EDFs 公式[20]，如式（3-37）和式（3-38）所示。

（1）对于筒体（FIS-母材）。

$$\Delta RT_{NDT} = FIS(℃) = 8 + [24 + 1537(P - 0.000\,8) + \\ 238(Cu - 0.08) + 191Ni^2Cu](\phi / 10^{19})^{0.35}$$

（3-37）

式中，

ΔRT_{NDT}：参考温度增量，℃；

P：P 的质量百分数，若 $P < 0.008$，取 0.008；

Cu：Cu 的质量百分数，若 $Cu < 0.08$，取 0.08；

Ni：Ni 的质量百分数；

ϕ：中子注量（$E > 1\,MeV$），n/cm^2。

式（3-37）的化学成分适用范围为 $P \leqslant 0.021$，$Cu \leqslant 0.19$，$Ni \leqslant 1.9$；辐照温度适用范围为 275～300 ℃；中子注量适用范围为 $0.3 \times 10^{19} \leqslant \phi \leqslant 8 \times 10^{19}$。

（2）对于熔敷金属（EDFs-焊缝）。

$$\Delta RT_{NDT} = EDFs(℃) = 22 + [13 + 823(P \geqslant 0.008) + \\ 148(Cu - 0.08) + 157Ni^2Cu](\phi / 10^{19})^{0.45}$$

（3-38）

式中，

ΔRT_{NDT}：参考温度增量，℃；

P：P 的质量百分数，若 $P < 0.008$，取 $(P \geqslant 0.008) = 0$，若 $P \geqslant 0.008$，取 $(P \geqslant 0.008) = P$；

Cu：Cu 的质量百分数，若 $Cu \leqslant 0.08$，取 0.08；

Ni：Ni 的质量百分数；

ϕ：中子注量（$E > 1\,MeV$），n/cm^2。

式（3-38）的化学成分适用范围为 $P \leqslant 0.021$，$Cu \leqslant 0.185$，$Ni \leqslant 1.85$；辐照温度适用范围为 285～290 ℃；中子注量适用范围为 $0.3 \times 10^{19} \leqslant \phi \leqslant 8 \times 10^{19}$。

上述 FIS 模型（数据上限拟合式）是 Framatome 在 RCC-M 模型的基础上提出的，同时提出的还有 FIM 模型（数据平均值拟合式），见式（3-39）。FIS 模型和 FIM 模型的建立利用了试验堆的 54 个辐照数据和法码通 12 根辐照监督管的结果。

$$\Delta RT_{NDT} = FIM(℃) = [17.3 + 1537(P - 0.008) + \\ 238(Cu - 0.08) + 191Ni^2Cu](\phi / 10^{19})^{0.35}$$

（3-39）

3.2.3 RSE-M-2010

RSE-M（1997）标准采用的 FIS 公式拟合主要基于试验堆的数据，与机组辐照监督管的监督数据相比，高估了在低中子注量条件下脆性值，而低估了在高中子注量条件下的脆性值。出于机组延寿的需要，法国 EDF 修订了韧脆转变温度预测公式，同样也分为平均值预测公式和上包络预测公式[21]：

（1）RSE-M-2010 中的 ΔRT_{NDT} 平均值预测公式。

$$\Delta RT_{NDT} = A\{1 + 35.7\max[0;(P-0.008)] + 6.6\max[0;(Cu-0.08)] + 5.8Ni^2Cu\} \bullet \left(\frac{\phi}{10^{19}}\right)^{0.59} \quad (3\text{-}40)$$

式中，母材 $A=15.4$；焊缝 $A=15.8$；当 $P\leqslant0.008$ 时，P 取 0.008；当 $Cu\leqslant0.08$ 时，Cu 取 0.08。

式（3-40）的化学成分适用范围为 $0.003\leqslant P\leqslant0.021$，$0.02\leqslant Cu\leqslant0.13$，$0.07\leqslant Ni\leqslant1.4$；辐照温度适用范围为 $284\sim290\,℃$；中子注量适用范围为 $0.3\times10^{19}\leqslant\phi\leqslant11.5\times10^{19}$；中子注量率适用范围为 $10^{10}\,\text{n/cm}^2/\text{s}\leqslant\dot\phi\leqslant10^{13}\,\text{n/cm}^2\bullet\text{s}$。

RSE-M-2010 平均值预测公式同时适用于设计阶段和在役阶段的防快速断裂分析，而且相比 1997＋2005 修订版公式，扩大了中子注量的最大适用范围，而且第一次提出了中子注量率的适用范围限制。

（2）RSE-M-2010 中的 ΔRT_{NDT} 上包络值预测公式。

$$\Delta RT_{NDT} = A\{1 + 35.7\max[0;(P-0.008)] + 6.6\max[0;(Cu-0.08)] + 5.8Ni^2Cu\} \bullet \left(\frac{\phi}{10^{19}}\right)^{0.59} + 2\sigma \quad (3\text{-}41)$$

RSE-M-2010 提供的上包络值预测式（3-41）只是在平均值预测式（3-40）的基础上增加了标准偏差项 2σ，其中母材 $\sigma=9.3\,℃$、焊缝 $\sigma=13.3\,℃$；另外，对于实心钢锭锻件，要求 Cu、P 和 Ni 含量应做以下修正：Cu＝1.08Cu 铸件，P＝1.14P 铸件，Ni＝Ni 铸件。除此之外，其余的适用范围与式（3-40）相同，但上包络值预测公式只适用于设计阶段。

3.3　欧洲原子能机构推荐公式

$$\Delta RT_{NDT} = 5/9[879.9(Cu/Ni)^{1.29} + Ni^{8.5} + (0.08/Cu)^{1.7}] \bullet f^{[0.165(Ni/Cu)^{0.487}]} \quad (3\text{-}42)$$

式中，

ΔRT_{NDT}：参考温度增量，℃；

f：中子注量（$E>1\,\text{MeV}$），n/cm^2。

该式计算结果与 RG 1.99-2 模型相近。

3.4 日本 JEAC 4201 推荐公式

3.4.1 JEAC 4201-1991

日本 JEAC 4201-1991 采用的公式为：

母材： $\Delta RT_{NDT} = [CF] \cdot f^{0.29-0.04\lg f}$

$$[CF] = -16 + 1210 \cdot P + 215 \cdot Cu + 77 \cdot \sqrt{Cu \cdot Ni} \qquad (3\text{-}43)$$

焊缝金属： $\Delta RT_{NDT} = [CF] \cdot f^{0.25-0.11\lg f}$

$$[CF] = 26 - 24 \cdot Si - 61 \cdot Ni + 301 \cdot \sqrt{Cu \cdot Ni} \qquad (3\text{-}44)$$

ΔRT_{NDT} 和 $[CF]$ 均是以℃为单位， f 单位为 10^{19} n/cm²。日本 JEAC4201 模型是根据 1990 年以前压水堆反应堆压力容器的 211 个母材监督数据和 88 个焊缝监督数据进行分析拟合获得的。该模型中，中子注量范围为 $10^{17} \sim 10^{20}$ n/cm²（ $E > 1$ MeV）。对于 Cu 含量低于 0.05% 的 RPV 材料，计算过程中 Cu 的含量取 0.05%。安全欲度等于 2 倍 σ，对于母材 σ 为 12 ℃，对于焊缝 σ 为 15 ℃。另外，M 不必超过计算结果 ΔRT_{NDT}。

3.4.2 JEAC 4201-2007

CRIEPI 于 2007 年开发了一种基于辐照脆化机制的新辐照脆关联方法。这种新的相关方法基于脆化机制， ΔRT_{NDT} 的相关性包括（1）溶质原子（富铜、Ni-Mn-Si）析出物项；（2）表示硬化脆化的基体损伤（MD）项。由于微观结构变化的每一项都由速率方程表示，因此需要进行时间积分以获得 ΔRT_{NDT}。关于辐照脆化方程的变量是化学成分（Cu 和 Ni）、中子注量率、中子注量和辐照温度。

新的 ΔRT_{NDT} 预测方法的典型特征如下：

—微观结构观察不仅发现了富含铜的团簇，还发现了富含镍-锰-硅的团簇。溶质簇（SC）的这些影响被纳入速率方程，并由点缺陷簇形成的辐射诱导簇和由超过溶解度极限的沉淀铜原子形成的辐射增强簇表示。

—基于微观结构观察，在基体损伤公式中引入以下内容：

位错环被公式化为与注量成比例。因此，假设基体损伤的形成率与中子注量成正比，比例系数由镍和辐照温度表示。位错环随着镍含量的增加而增加，因此结合了镍的影响。

关于温度的影响，假设辐照脆化与注量的平方根成正比，比例系数由 Jones 和 Williams 提出的 FT 系数表示。

——超出溶解极限的剩余铜含量可视为有助于铜析出的铜含量。因此，辐照后簇成分中铜量的减少由簇配方去除的铜量和从已配制的簇中去除的铜量表示。

——脆化机理的研究表明，助焊剂的影响表现为铜扩散率。该扩散率由温度决定的量和辐照引入量表示，假设热铜扩散率是恒定的，而辐照铜扩散率由中子注量的指数关系表示。

——关于溶质簇（SC），微观结构观察表明转变温度与体积函数的平方根相关（〔簇的体积〕×〔溶质原子簇（CSC）的数密度〕），这种关系被纳入速率方程。

——ΔRT_{NDT} 的传统方程由 SC 和 MD 项之和表示。但是基于物理现象，使用了 SC 项和 MD 项的均方根。

基于上述方法，提出了辐照时微观结构（SC, MD）变化的速率方程：

$$
\begin{aligned}
\frac{\partial C_{SC}}{\partial t} &= \frac{\partial C_{SC}^{\mathrm{Ind}}}{\partial t} + \frac{\partial C_{SC}^{\mathrm{enh}}}{\partial t} \\
&= \xi_4 \cdot (C_{\mathrm{Cu}}^{\mathrm{mat}} \cdot D_{\mathrm{Cu}} + \xi_1) \cdot C_{\mathrm{MD}} + \xi_9 \cdot [C_{\mathrm{Cu}}^{\mathrm{avail}} \cdot D_{\mathrm{Cu}} \cdot (1 + \xi_8 \cdot C_{\mathrm{Ni}}^0)]^2 \\
\frac{\partial C_{\mathrm{MD}}}{\partial t} &= \xi_5 \cdot F_t^2 \cdot (\xi_6 + \xi_7 \cdot C_{\mathrm{Ni}})^2 \cdot \phi - \frac{\partial C_{SC}}{\partial t} \\
\frac{\partial C_{\mathrm{Cu}}^{\mathrm{mat}}}{\partial t} &= -v_{\mathrm{SC}} \cdot \frac{\partial C_{SC}^{\mathrm{enh}}}{\partial t} - v'_{\mathrm{SC}} \cdot C_{SC} \\
v_{SC} &= \xi_2 \cdot (C_{\mathrm{Cu}}^{\mathrm{avail}} \cdot D_{\mathrm{Cu}})^2 \\
v'_{SC} &= \xi_2 \cdot C_{\mathrm{Cu}}^{\mathrm{mat}} \cdot D_{\mathrm{Cu}} \\
D_{\mathrm{Cu}} &= D_{\mathrm{Cu}}^{\mathrm{thermal}} + D_{\mathrm{Cu}}^{\mathrm{irad}} = D_{\mathrm{Cu}}^{\mathrm{thermal}} + \omega \cdot \phi^\eta \\
C_{\mathrm{Cu}}^{\mathrm{avail}} &= [0 \ \text{for} \ C_{\mathrm{Cu}}^{\mathrm{mat}} \leqslant C_{\mathrm{Cu}}^{\mathrm{sol}}] \ \text{or} \ [C_{\mathrm{Cu}}^{\mathrm{mat}} - C_{\mathrm{Cu}}^{\mathrm{sol}} \ \text{for} \ C_{\mathrm{Cu}}^{\mathrm{mat}} > C_{\mathrm{Cu}}^{\mathrm{sol}}]
\end{aligned}
\tag{3-45}
$$

对 C_{SC}、C_{MD}、$C_{\mathrm{Cu}}^{\mathrm{mat}}$、$C_{\mathrm{Cu}}^{\mathrm{avail}}$、$v_{\mathrm{SC}}$、$v'_{\mathrm{SC}}$ 和 D_{Cu} 进行时间积分。ΔRT_{NDT} 由以下等式获得。

$$
\begin{aligned}
\Delta T_{\mathrm{SC}} &= \alpha \cdot \sqrt{V_f} \\
&= \xi_{17} \sqrt{\xi_{16} \cdot f(C_{\mathrm{Cu}}^{\mathrm{mat}}, C_{SC}) \cdot g(C_{\mathrm{Ni}}^0) + h(\phi t)} \cdot \sqrt{C_{SC}} \\
\Delta T_{\mathrm{MD}} &= \beta \sqrt{C_{\mathrm{MD}}} \\
g(C_{\mathrm{Ni}}^0) &= (1 + \xi_{14}(C_{\mathrm{Ni}}^0)^{\xi_{15}})^2 \\
f(C_{\mathrm{Cu}}^{\mathrm{mat}}, C_{SC}) &= \xi_{12} \cdot (C_{\mathrm{Cu}}^0 - C_{\mathrm{Cu}}^{\mathrm{mat}}) / C_{SC} + \xi_{13} \\
h(\phi t) &= \xi_{10} \cdot (1 + \xi_{11} \cdot D_{SC}) \cdot \phi t \\
D_{SC} &\approx D_{\mathrm{Cu}} \\
\Delta RT_{\mathrm{NDT}} &= \sqrt{\Delta T_{\mathrm{SC}}^2 + \Delta T_{\mathrm{MD}}^2}
\end{aligned}
\tag{3-46}
$$

采用 Metropolis 方法对系数（$\xi_1 \sim \xi_{17}$, ω）进行了优化，Metropolis 方法是一种蒙特卡罗模拟方法。这些系数与 CRIEPI 报告中包含的计算程序一起使用。

新方法的标准偏差为 9.4 ℃。

新的辐照脆化拟合方法需要一个计算程序，该程序可在 CRIEPI 报告中找到。JEAC 4201 允许使用这种详细方法。此外，JEAC 4201 包含 ΔRT_{NDT} 表格，这些表格作为 Cu、Ni、EFPY（或通量）、通量和温度的函数制成表格，以方便用户使用。

3.5 俄罗斯辐照预测方法

在俄罗斯标准 ПНАЭ Г-7-002-86《核动力装置设备和管道强度计算规范》中给出了关于 WWER 机组 RPV 材料辐照脆化的计算方法。确定辐照脆化程度有两种途径，其一是根据核电站的 RPV 辐照脆化监督数据，采用等式（3-47）计算。

$$\Delta T_F = T_{KF} - T_{KH} \tag{3-47}$$

等式（3-47）中 T_{KF} 材料在受到快中子照射后的临界脆性转变温度，$T_{KИ}$ 为材料在服役前的临界脆性转变温度，临界转变温度采用多温度的冲击试验确定。

如果缺少辐照脆化监督数据，可以采用等式（3-48）计算辐照脆化：

$$\Delta T_F = A_F \times \left(\frac{F}{F_0} \right)^{1/3} \tag{3-48}$$

等式（3-48）中 A_F 为辐照脆化系数，F 为快中子（$E \geqslant 0.5$ MeV）注量，单位为 n/cm^2，$1 \times 10^{18} < F < 4 \times 10^{20}$ n/cm^2，F_0 为等于 1×10^{18} 的常数，A_F 由表 3-1 进行选取。表 3-4 中给出了 WWER 堆型 RPV 材料的 A_F 的数值。在 RPV 的辐照脆化问题上，不同的材料，不同的辐照温度均会影响辐照脆化速度。因此俄罗斯标准为 WWER 核电站的 RPV 辐照脆化公式设置了多个 A_F 取值。

表 3-4 俄罗斯 WWER 反应堆 RPV 辐照脆化评估计算参数

材料	部位	辐照温度/℃	A_F
15Х2МФА （15Kh2MFA）	母材	250	22
		270	18
		290	14
	焊缝	250	$800(P + 0.07Cu) + 8^*$
		270	$800(P + 0.07Cu)$
15Х2МФА-А （15Kh2MFA-A）	母材	270	12
		290	9
	焊缝	270	15

续表

材料	部位	辐照温度/℃	A_F
15X2HMФA-A （15Kh2NMFA-A）	母材	290	23
	焊缝	290	20
15X2HMФA-1 级钢 （15Kh2NMFA-1 级钢）	母材	290	23
	焊缝	290	20

*注：P 为材料中磷元素的质量百分比含量，单位 wt%；

　　Cu 为材料中铜元素的质量百分比含量，单位 wt%

3.6　我国预测公式

3.6.1　我国标准中推荐公式

我国标准中并没有给出国内自主开发的模型。我国国家标准 GB/T 16702《压水堆核电厂核岛机械设备设计规范》1996 版的编制主要参考 RCC-M 规范，GB/T 16702—2019 版随着 RCC-M 规范的内容升版而进行了修订，关于 ΔRT_{NDT} 推荐公式均是采用了 RCC-M 规范附录 ZG 公式。

我国的能源行业标准 NB/T 20220—2013《轻水反应堆压力容器辐照监督》和二机部标准 EJ/T 322—1994《压水堆核电厂反应堆压力容器设计准则》中推荐了 ΔRT_{NDT} 的预测公式，但都是直接给出了上述国外标准文献中推荐中的模型，如美国 RG 1.99-2 模型和 NUREG/CR-6551 模型等、法国 RCC-M 规范模型和 RSE-M 规范 FIM 模型和 FIS 模型等。

我国能源行业标准 NB/T 20439—2017《压水堆核电厂反应堆压力容器压力–温度限值曲线制定准则》适用于压水堆核电厂铁素体钢制反应堆压力容器的压力–温度限值权限制定，标准中给出了两种 P-T 限值曲线计算方法，其中方法一与 ASME 规范（2007 版及之后版本）第Ⅲ卷附录 G 一致，许用压力计算与 ASME 规范（2001 版及之后版本）第 XI 卷附录 G 一致，同时参考了 10 CFR 50 附录 G 的压力温度限值和最小温度要求；方法二则与 RCC-M-2007 版 ZG 中的评价方法一致。对应的 RT_{NDT} 的确定方法采用 Regulatory Guide 1.99，Rev.2 与 RCC-M 附录 ZG 中的预测公式。

我国能源行业标准 NB/T 20440《压水堆核电厂反应堆压力容器防止快速断裂评定准则》适用于压水堆核电厂铁素体钢制反应堆压力容器的断裂分析评定，标准中给出了两种防脆断分析方法，其中方法一与 ASME 规范（2007 版及之后版本）第Ⅲ卷附录 G 一致，对应的 RT_{NDT} 的确定方法采用 Regulatory Guide 1.99，Rev.2；方法二与 RCC-M-2007 版 ZG 中的评价方法一致，对应的 RT_{NDT} 的确定方法也采用了 ZG 中的公式。

下面简要介绍一些国内开发的计算模型。

3.6.2 CIAE-2009 模型

中国原子能科学研究院初步建立了适用于我国 RPV 的辐照脆化预测模型 CIAE-2009[9,22,23]。CIAE-2009 实质上是以 NUREG/CR6551 为基础，并加入被忽视的非 Cu 元素析出沉淀相对辐照硬化的贡献作用。经 RPV 材料辐照性能数据验证，CIAE-2009 模型具有较高的置信度和可靠性，尤其适合预测低铜合金 RPV 材料的辐照脆化。图 3-1 展示了 CIAE-2009 模型与国外模型计算曲线及辐照监督数据的比较。

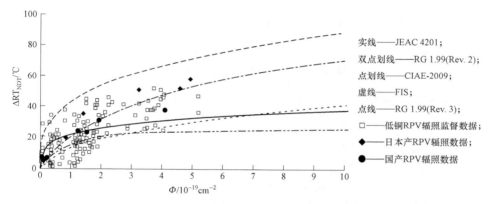

图 3-1　CIAE-2009 模型与国外模型计算曲线及辐照监督数据的比较

3.6.3 PMIE-2012 模型

中广核苏州热工院以美国 NRC 的 WR-C（5）模型为基础进行修正，加入被忽略的后期激增相 Si 对辐照脆化的贡献，对中子注量相关项、Cu 相关项、Ni 相关项和 Si 相关项等参数进行修正，开发出针对 RPV 母材的辐照脆化预测模型 PMIE-2012[24]。图 3-2 展示了 PMIE-2012 模型与低 Cu RPV 材料辐照监督数据的比较。PMIE-2012 的预测结果与 RPV 钢的辐照监督数据符合较好，预测曲线基本分布在国产低 Cu RPV 钢的辐照监督数据附近。

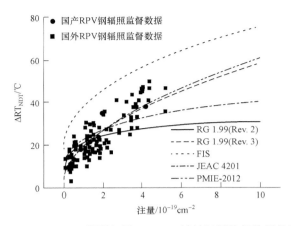

图 3-2　PMIE-2012 模型与低 Cu RPV 材料辐照监督数据的比较

3.6.4　一种低合金钢参考温度增量预测模型

在中国核动力研究设计院的一项专利中，基于辐照机理及辐照试验数据相结合的方法建立了一种低合金钢辐照后 ΔRT_{NDT} 预测模型。该预测模型是一种多参数的预测模型，模型考虑了该种低合金钢化学成分变化（包括 Ni、P 和 Mn）、辐照温度变化和快中子注量变化对辐照脆化的影响。

4 RPV 辐照监督体系

4.1 美国辐照监督体系

美国 RPV 辐照监督体系是全面和公开的，根据美国材料与试验协会标准 "ASTM E706，Standard Master Matrix for Light-Water Reactor Pressure Vessel Surveillance Standards，E 706（0）"的描述，轻水堆 RPV 监督标准体系包括有大量 ASTM 标准、NRC 法规文件以及 ASME 规范标准。

4.1.1 NRC 法规和管理导则

美国联邦法规 10 CFR Part50 附录 G《断裂韧性要求》、附录 H《反应堆压力容器材料辐照监督大纲要求》及 10 CFR Part50.61《防止承压热冲击的断裂韧性要求（PTS）》对反应堆压力容器材料的辐照监督提出了法规层面要求，NRC 管理导则为 RPV 材料辐照监督提出了具体指导要求。

4.1.1.1 NRC 法规

NRC 法规辐照监督法规：

—美国联邦法规 10 CFR 50 附录 G

—美国联邦法规 10 CFR 50 附录 H

—美国联邦法规 10 CFR 50、61

—RG 1.99

—RG 1.150

—RG 1.190

（1）美国联邦法规 10 CFR 50 附录 G。

美国联邦法规 10 CFR 50 附录 G 是关于 RPV 材料断裂韧性的规定[25]，主要内容包括两部分：

① RPV 上平台能量 USE 要求：堆芯环带区材料初始夏比上平台能量不小于 102 J，

寿期末不小于 68 J。

② P-T 限制曲线和最低温度要求：10 CFR 50 附录 G 要求依据 ASME XI 卷附录 G《防止失效的断裂韧性准则》计算 P-T 限制曲线，10 CFR 50 附录 G 表 1 给出了不同区域（堆芯区和非堆芯区）、不同阶段（装料和未装料）、不同工况（水压试验和正常运行工况）、不同压力状态（小于 20% 和大于 20%）需要考虑的最低温度要求。

附录 G 中引用 ASME 规范和 ASTM 标准，给出了 RPV 材料需要满足的力学性能指标，例如：

—RPV 材料为低合金铁素体钢，屈服强度在 345～621 MPa 之间，符合 ASME 规范有关要求；

—RPV 材料 RT_{NDT} 以及 ΔRT_{NDT} 的确定方法；

—材料冲击试验获得的上平台能量 USE 值的限值要求；

—运行工况、泄漏试验工况下，RPV 的压力－温度限值要求等。

（2）美国联邦法规 10 CFR 50 附录 H。

附录 H 规定了反应堆压力容器辐照监督大纲的要求[26]，其中引用了早期版本的 ASTM E185-82 标准、ASME 规范的有关内容，并给出了监督工作中的基本技术细节，例如：

—当寿期内材料承受的峰值快中子注量超过 10^{17} n/cm² 时，必须对 RPV 堆芯环带区附近材料的辐照脆化进行监督，必须按 ASTM E185 标准的要求制定监督大纲；

—监督组件必须安置于 RPV 内表面，接近堆芯中平面的位置上，监督组件承受的中子辐照水平能够反映 RPV 实际承受的中子注量水平，实际确定原则依照 ASME 规范第 Ⅲ 卷和第 XI 卷进行；

—辐照监督大纲和辐照监督管抽取计划执行前必须经过 NRC 的批准，每个抽取的监督管试验结果必须形成总结性技术报告，并在监督管抽取后一年内提交 NRC，除非得到延期批准。

（3）美国联邦法规 10 CFR 50、61

10 CFR 50.61 给出了承压热冲击（PTS）事件下保护 RPV 不发生破坏要求的断裂韧性中规定[27]：

② PTS 鉴别准则：PTS 鉴别准则以寿期末堆芯环带区材料的参考温度 RT_{PTS} 为鉴别的特征参数，10 CFR 50.61 规定：寿期末堆芯环带区内的板材、锻件和轴向焊缝内壁面寿期末（EOL）的 RT_{PTS} 不应大于 270 ℉（132 ℃）；环向焊缝金属寿期末（EOL）的 RT_{PTS} 不大于 300 ℉（149 ℃）。

② 参考温度 RT_{PTS} 计算公式如下：

$$RT_{PTS} = RT_{NDT(U)} + \Delta RT_{PTS} + M$$

$$\Delta RT_{PTS} = (CF)f^{(0.28-0.10\log f)}$$

$$M = 2\sqrt{\sigma_U^2 + \sigma_\Delta^2}$$

实际上，10 CFR 50.61 给出的 RT_{PTS} 计算公式与 RG 1.99 Rev.2 规定的辐照后的 RT_{NDT} 预测公式及取值完全相同，但两者的限值准则却略有不同，RG 1.99 Rev.2 要求寿期末 T/4 壁厚处的 RT_{NDT} 值不大于 200 ℉（93 ℃）。

若 RT_{PTS} 值超过了鉴别准则限值要求，若无正当理由，核电厂不准继续运行，核电厂需要至少在 RT_{PTS} 超过鉴别准则的前 3 年提交一份安全分析报告给监管当局，该报告应包含降低中子注量率的实施大纲、RT_{PTS} 超过鉴别准则防止反应堆容器发生断裂破坏而需要对设备、系统和运行参数进行的必要改进等措施。若经过充分分析论证并采取有效改进措施后，RT_{PTS} 超过鉴别准则没有导致容器破坏的风险，产生贯穿裂纹的概率低于 5×10^{-6}/堆年，经监管当局批准后亦可以继续运行。否则，反应堆容器堆芯区材料应经进行退火处理以恢复材料的断裂韧性，并且只能在满足 PTS 鉴别准则的年限内运行，在此种情况下，RPV 辐照监督大纲则需要进行修正更新，制订与退火处理相匹配的监督策略。

4.1.1.2 NRC 管理导则

（1）Regulatory Guide 1.99 反应堆压力容器材料的输照脆化。

RG 1.99 的最新版为 1988 年的第二版，其内容涉及 RPV 材料的辐照脆化预测与评估，相关内容被我国的有关标准引用和借鉴。

RG 1.99 中说明了联邦法规 10 CFR Part 50 附录 G 和附录 H 中的总体要求[28]，要求根据相关辐照效应研究结果预测中子辐照效应，并给出了 RPV 材料中子辐照脆化预测公式和参数计算，从中得出服役期末的调整参考温度预测值。管理导则中针对不同壁厚处的中子注量计算方法和公式，为寿期末承压热冲击 RT_{PTS} 和结构完整性分析所需的材料性能预测提供了技术支撑。在运行过程中需要对材料预测性能进行辐照效应监督验证，管理导则中根据 ASTM E185-82"轻水冷却核动力反应堆容器监督试验的标准实施规程"，要求进行监督的材料部位应是可能限制反应堆运行寿命的材料，即预期在寿期末时具有最高调整参考温度或最低夏比冲击上平台能量的材料部位。

（2）Regulatory Guide1.150 反应堆压力容器焊缝超声检查。

RG1.150 的最新版为 1983 年的第一版，题目为 "Ultrasonic Testing of Reactor Vessel

Welds During Preservice and Inservice Examinations"，其内容涉及在役、役前的 RPV 焊缝的超声检查[29]。从 2013 年起 NRC 不再更新此导则，其内容完全归入"美国联邦法规 10 CFR 50.55a"的有关章节。但是 ASTM E706 提及的文件体系中依然提及此文件。在这里需要注意，通常情况下，超声检查工作归类于役前或在役检查，并不在辐照监督体系范围内。

（3） Regulatory Guide1.190 "压力容器中子通量的计算与测定方法"。

RG 1.190 是为了确保寿期内 RPV 的辐照脆化评估有效开展而编制的技术文件。主要内容涉及快中子注量计算和测量的流程，快中子注量可以作为重要输入参数用于 RPV 的辐照脆化预测。快中子注量计算采用蒙特卡罗方法和离散坐标方法相结合确定 RPV 内快中子分布。中子测量采用被动式探测器（Passive integral detectors）置于监督位置进行辐照历史的策略。被动探测器包括活化探测器（Activation detectors）、示踪探测器（Solid-state track recorders）等。在实际应用中，计算结果与测量结果应该相互比较，如果二者差异较大（对于 RPV 辐照监督组件的中子测量时，要求误差不超过 20%），则对计算方法进行修正[30]。

4.1.2 ASME 规范要求

美国机械工程师协会锅炉与压力容器规范 ASME BPVC 第 III 卷《核设施部件建造规则》和第 XI 卷《核电厂部件在役检查规则》对反应堆压力容器从设计建造到在役运行期间涉及的相关 RPV 要求进行了系列规定，包括：

—RPV 材料界定；

—RPV 材料力学性能试验；

—RPV 材料力学性能准则与限值；

—RPV 承载计算方法；

—RPV 的设计方法；

—RPV 完整性评估方法等。

这些规定并不是专门针对 RPV 的辐照监督要求，因此 ASME 规范并不直接与辐照监督体系相关，但需要注意的是，正是规范中关于 RPV 结构完整性的相关要求需要考虑 RPV 材料寿期末的辐照性能，进而引出运行期间 RPV 的辐照监督要求。

ASME 规范第 III 卷第一册附录 G《防止失效的断裂韧性准则》采用了线弹性断裂力学原理来防止铁素体钢承压设备的快速断裂，适用的钢种包含 SA533B-Cl.1、SA508-Gr.1、

SA508-Gr.2-Cl.1、SA508-Gr.3-Cl.1 四种。此规范内容在 2007 年版本进行了一定的修改：1）将材料许用临界应力强度因子由 K_{IR} 变为 K_{IC}；2）确定薄膜应力强度因子用的系数 M_m 的计算分轴向和环向裂纹分别计算；3）增加了基于应力拟合计算应力强度因子的计算方法；4）细化了压力温度限值曲线的计算。

ASME 规范第Ⅲ卷附录 G 的内容主要有裂纹尺寸假设、应力强度因子计算方法和各工况评定三部分[31]。

1）裂纹尺寸假设

见表 4-1。

表 4-1 裂纹尺寸假设

壁厚	裂纹深度	裂纹长度
<100 mm	25 mm	150 mm
$100\sim300$ mm	$0.25t$	$1.5t$
>300 mm	75 mm	450 mm

注：t 为截面壁厚（单位：mm）。

2）裂纹尖端的应力强度因子 K_I 计算

首先，按规范规定的规定公式计算不同工况、不同应力类型产生的应力强度因子分量 K_{Im}、K_{Ib}、K_{It}、K_{Imt}、K_{Ibt}（其他的方法需经验证），其次将这些应力强度因子分量按不同工况及系数组合计算出应力强度因子 K_I。其中典型区域的应力强度因子分量计算如下：

① 远离不连续区域的壳体和封头。

由拉伸薄膜应力引起的应力强度因子 K_{Im} 可用下列公式确定：

$$K_{Im} = M_m \times 薄膜应力$$

由弯曲应力引起的应力强度因子 K_{Ib} 可由下列公式确定：

$$K_{Ib} = M_b \times 弯曲应力$$

其中，薄膜应力系数 M_m 的取值与假设裂纹的方向（轴向或环向）、裂纹的位置（内表面或外表面）、容器的壁厚有关；弯曲应力系数 M_b 等于 2/3 倍的轴向缺陷 M_m 值。

② 接管、法兰及邻近几何不连续区域。

确定高应力区域的应力强度因子的方法，必须根据具体情况作出判断。在进行计算时，应将螺栓紧固件的预紧力引起的应力作为一次应力，热应力作为二次应力。对于接管 WRCB 175 提供了近似的应力强度计算方法。

3）评定准则

表 4-2　ASME-Ⅲ-附录 G 防无延性断裂评定准则

对象	工况	防止无延性破坏规定	来源
反应堆压力容器远离不连续区的壳体和封头	A.B 级运行工况	$K_I = (2K_{Im} + 2K_{Ib} + K_{It}) < K_{IR}$（或 K_{IC}）	G2210
	水压试验	系统和部件装料前： $T > RT_{NDT} + 60$ ℉（33 ℃） 系统和部件装料后：（RT_{NDT} 为最高者） $K_I = (1.5K_{Im} + 1.5K_{Ib} + K_{Imt} + K_{Ibt}) < K_{IR}$（或 K_{IC}）	G2400
	C.D 级运行工况	由于载荷、缺陷和材料性能三者组合的情况多种多样，不作出统一规则，应按具体情况进行分析，当可以证明载荷，缺陷及材料性能合适时，可以采用本附录的原理	G2300
接管、法兰及邻近几何形状不连续区的壳体	A、B 级运行工况	$K_I = (2K_{Im} + 2K_{Ib} + K_{Imt} + K_{Ibt}) < K_{IR}$（或 K_{IC}） 1）螺栓预紧载荷产生的应力视为一次应力 2）对接管推荐使用较小的缺陷尺寸 3）只要接管壁厚小于 2.5 英寸（64 mm）而使用温度高于 RT_{NDT}，则可以不进行防断评定 4）可用于计算 $P-T$ 图	G2220 G2215 许用压力
	C、D 级运行工况	同连续区 C、D 级运行工况	G2300
	水压试验	同连续区水压试验	
螺栓	A、B 级运行工况	满足螺栓材料技术条件规定的冲击要求后，对 A、B 级不要求对防断进行评定	G4100
	C、D 级工况	同连续区的 C、D 级运行工况	G2300
	水压试验	同连续区的水压试验规定	G2400

ASME 规范第 XI 卷《核电厂部件在役检查规则》附录 G 内容与 ASME 规范第Ⅲ卷附录 G 相同。针对 RPV，ASME-XI 卷 IWB-3400、3500、3600 给出了缺陷的表征及验收标准，以及缺陷的分析评价方法[32]。

在评定准则中（见表 4-2），材料许用的基准应力强度因子 K_{IR} 或 K_{IC} 按以下公式计算：

$$K_{IR} = 26.78 - 1.223 \cdot e^{[0.0145(T-RT_{NDT}+160)]}$$（ASME-2007 版前的公式）

$$K_{IC} = 36.5 + 22.783 \cdot e^{0.036(T-RT_{NDT})}$$（ASME-2007 版及后续版本公式）

其中，辐照后 RT_{NDT} 值设计阶段可按 RG 1.99-2 预测公式计算，运行阶段则按照 ASTM E185-82 建立的辐照监督大纲实测。需要注意的是，在 2013 版 ASME 规范中，首次给出了 RPV 堆芯区材料的辐照脆化预测公式，但该公式尚未发现有相关的应用经验和案例。

4.1.3　ASTM 辐照监督标准

美国材料与试验协会（ASTM）建立了全面的辐照监督体系执行标准，ASTM 标准倾向于辐照监督体系的测试技术，提供了辐照监督工作体系的指导性文件，给出了材料力学性能试验的指导性标准。

本研究梳理了 ASTM 辐照监督相关标准，结合 ASTM E706 对于美国辐照监督体系的描述，将 ASTM 辐照监督标准可以划分为五个序列。

1）辐照损伤效应预测和监督管理标准系列

该系列标准包含 ASTM E900、ASTM E185、ASTM E509、ASTM E1035。

（1）ASTM E900，中子辐照对反应堆压力容器材料损伤预测指南。

标准给出了计算 RPV 材料辐照脆化量（ΔT_{41J}）的预测方法，用于寿期内辐照脆化的预测[33]。这些数据来自几个国家对压水堆（PWR）和沸水堆（BWR）动力反应堆进行的监督项目。标准由小组委员会 E10.02 编制和分析的由辐照导致转变温度偏移（TTS），及对相关资料组成的大型监督数据库的统计分析，得出了脆化相关性。预测方法考虑的变量包括铜、镍、磷、锰、辐照温度、中子注量和材料生产工艺等变量，最终建立了这种脆性相关性。该标准列出了脆化相关及非相关变量数据库中材料和辐照条件的范围。ASTM E900 标准适用于通用核电站 RPV 辐照脆化的预测计算，但不能借助特定监督数据评估当前电站的辐照脆化水平。在方法不确定方面，该标准考虑造成平均值的标准偏差（SD）的主要原因包括输入参数（即 Cu、Ni、Mn、P、注量和辐照温度）的不确定性，SD 的其余部分归因于 TTS 测定的不确定性和预测误差。

不同于上文提及的 RG 1.99 第二版的预测方法，ASTM E900 预测方法更能代表美国最新研究结果。美国 NRC 正在评估 ASTM E900-2015 的适用性，相关预测方法可能作为 RG 1.99 第三版出版。

（2）ASTM E185，轻水反应堆压力容器辐照监督大纲设计标准。

ASTM E185 是辐照监督领域最重要的一份监督标准。该标准内容涉及辐照监督组件设计的最基本要求、监督组件的抽取方法、力学性能试验中必须获得的关键参数、监督组件试样的种类数量、超前因子的定义、中子探测器的安置、堆运行峰值温度的监督、监督报告的内容等。这里特别指出，对于辐照脆化监督试验而言，监督样品的辐照脆化程度是由冲击试验结果体现的[34]。ASTM E185 多年来不断修订，但是在 NRC 具有法律效力的文件中依然将 ASTM E185（1982 年版）作为引用对象。

由于 ASTM E185 标准的重要性，本书在第 6 章 RPV 辐照监督大纲中对其进行更为详细的专门介绍。

（3）ASTM E509，轻水冷却核反应堆压力容器在役退火指南。

标准给出了为在役压力容器进行退火处理的方法。在轻水冷却核动力反应堆的运行中，由铁素体钢制成的反应堆容器的设计预期由于在役中子辐照而导致材料特性累积变化[35]。压力容器压力–温度（P-T）限值在使用寿命期间需要定期修正，以考虑中子辐射对韧脆性转变温度材料特性的影响。如果中子脆化程度变大，正常升温降温期间对操作的限制可能会变得严格。应额外考虑假设的事件，例如承压热冲击（PTS）。中子辐照也会降低上平台韧性，这种降低可能会降低针对韧性断裂的安全裕度。当这些情况似乎可能发展时，某些替代方案可以减少问题或推迟必须考虑工厂限制的时间。其中一种替代方案是对反应堆容器带状区进行热退火，即将带状加热到足以高于正常工作温度的温度，以恢复由于中子脆化而劣化的很大一部分最初断裂韧性和其他材料性能。

该标准涵盖了对轻水慢化核反应堆容器进行在役热退火的一般程序，并展示了该程序的有效性。在役退火的目的是改善因中子辐照而导致的反应器容器材料的机械性能（特别是断裂韧性）劣化，退火通常使用夏比 V 型缺口冲击试验结果进行评估，或者使用断裂韧性试验结果或从拉伸，硬度，压痕或其他微型试样测试中推断韧性改善情况标准中规定在开发退火程序时，必须考虑某些固有的限制因素，这些因素包括系统设计限制；由连接管道、支撑结构和主系统屏蔽产生的物理约束；部件和整个系统中的机械应力和热应力；以及可能会限制退火温度的材料条件变化。

标准为容器退火程序和退火后容器辐照监督大纲的开发提供了指导。制定监测大纲以监测退火容器带状区材料后续辐照的影响应基于标准 ASTM-E185 和 E2215 中描述的要求和指导。为确定反应堆容器带状区材料退火后参考无韧性转变温度（RT_{NDT}）、夏比 V 型缺口上平台能量水平、断裂韧性特性以及这些特性的预测的再脆趋势提供了导则。

选择的退火方法应考虑使用寿命延长所需的恢复幅度、预测的退火响应、再辐照响应、允许检查和温度监测反应堆容器的可达性、由反应堆设计产生的约束，以及反应堆容器与主系统和支承的结构关系。应准备详细的退火程序，例如，参见 ASME 规范案例 N-577（2）和 NRC 管理导则 1.162。该书面程序应包括所有质量保证措施和培训，以确保有效的退火操作。所采用的退火方法不得降低系统的原有设计。干式退火的参数可能超过反应堆容器的原始设计限值。在这种情况下，主冷却水已被排空，并采用加热装置将受影响带状区域的容器温度局部升高到最初设计温度以上。ASME 规范案例 N-557（2）提供了一个框架，用于确保在空气中热退火的设计符合性。较低温度的湿式退火，其中加热介质主要是冷却剂水，不应超过反应堆容器的原始设计压力和温度。

应考虑机械和热应力及温度对所有系统部件、结构和控制仪表的影响。评估这些效应证明特定的材料属性。应进行详细的热和应力评估，以证明局部温度、热应力和后续残余应力是可以接受的。该评估将有助于确定退火程序的加热系统设计和加热/冷却速率。

所采用的退火程序应提供足够的仪表来控制和监测容器的温度，以便在退火操作的所有阶段都有完整的温度记录。应特别考虑带状区域的轴向、方位角和沿壁厚方向热梯度以及预计在退火期间经历高应力的任何区域，如喷嘴。退火程序应包括退火设备说明、操作要求概述、加热设备预退火试验综合等。应考虑堆芯、堆内构件和冷却剂的储存。

（4）ASTM E1035，核反应堆容器支承结构的中子辐照量测定标准实施规程。

标准提供监测反应堆压力容器堆芯活性区附近支撑结构中的铁素体钢中子辐照程序，该标准可用于指导如何选择合适的剂量传感器装置及其在反应堆腔的合理安装，如何进行适当的中子学计算以预测中子辐照。该标准适用于压力容器支撑寿期内经历超过 1×10^{17} n/cm² 或超过 3.0×10^{-4} dpa 的中子注量（$E > 1$ MeV）的情况[36]。

中子辐照效应对压力容器钢的影响一直是核电厂反应堆设计和运行的一部分。该标准制定的目的是确定每个容器支承所经历的中子辐照，进而保证压力容器安全运行。另外，高能光子还可以产生与中子产生的相似的位移损伤效应。已知这些效应在反应堆压力容器的带状区比中子引起的效应要小得多。在容器支撑结构内的所有位置，还没有证明这一点。因此，标准中认为谨慎的做法是应用耦合的中子-光子输运方法和光子导致的位移横截面，以确定伽马导致的 DPA 是否超过标准中的 3.0×10^{-4} 的中子辐照水平，但伽马辐照对压力容器支撑结构的辐照不包括在该标准的范围之内。

关于中子剂量计的位置，中子剂量计应位于支撑结构上预计会发生最大 DPA 或注量（$E > 1$ MeV）的位置。必须注意确保未在中子学计算中建模的反应堆堆腔结构不会对剂量计提供额外的屏蔽。将分析中子剂量计，以获得支撑结构实际位置内的中子场。如果容器支撑不在堆芯活性区的高度内，则必须选择不对称正交集进行离散纵坐标计算，以准确地再现支撑方向上的中子输运。关于辐照损伤不确定度的确定，要求执行 ASTM E944 和 E1018 中概述的调整程序，以使用中子剂量计的积分数据和本标准中子学的计算结果，获得辐照损伤值 DPA 和注量（$E > 1$ MeV）。

该标准在压水堆核电厂中暂未见使用，这主要是因为目前的压水堆设计中压力容器支撑处中子辐照均未达到 10^{17} n/cm² 量级。

2）辐照监督管试验标准系列

该序列标准包括：

—ASTM E2215，轻水慢化核反应堆中监督组件评估的标准实施程序

—ASTM E636，关于核动力 T 反应堆压力容器进行补充监督试验的标准指南

—ASTM E1253，辐照夏比冲击试样重构标准指南

—ASTM E853，轻水堆监测结果分析与解释标准规程

（1）ASTM E2215，轻水慢化核反应堆中监督组件评估的标准实施程序。

该标准描述了在评估监督大纲监督管时应考虑的准则，给出了反应堆压力容器辐照监督管试样和剂量测定的评估，为重新评估监督管设计寿期内和超过设计寿期运行的取出计划提供指导[37]。该标准与 ASTM E185 配套使用，旨在用于监测反应堆带状区材料特性。ASTM E636 中描述了对标准试验大纲的修改和补充试验。在该标准首次发布之前，监督大纲的设计和监督管的试验都包含在 ASTM E185 中。为明确区分，辐照监督大纲的标准实践已被分割为辐照监督大纲设计标准 ASTM E185 和监督管试验和评估标准 ASTM E2215。

在试验前应进行监督管状态的确定，包括目视检查、监督管容器、辐照温度历史和峰值温度。辐照后测量的机械性能包括拉伸试验、夏比试验、硬度试验（可选）和断裂韧性试验（可选）。

这里特别指出，对于辐照脆化监督试验而言，监督样品的辐照脆化程度是由冲击试验结果体现的。

（2）ASTM E636，关于核动力厂反应堆压力容器进行补充监督试验的标准指南。

ASTM E185 和 E2215 给出了反应堆压力容器材料监督的要求，特别是在使用过程中发生的机械性能变化[38]。ASTM E636《关于核动力厂反应堆压力容器进行补充监督试验的标准指南》与标准 ASTM E185 和 E2215 要求的核反应堆容器监督试验程序结合使用，给出了补充机械性能试验允许获得关于辐照引起的反应堆容器钢的机械性能变化的额外信息。

本标准为辐照监督试验样品的制备提供了建议，并确定了反应堆运行监督和辐照后试验规划的特殊注意事项和要求，给出了数据简化和计算程序的指南。参考 ASTM 测试方法，用于样品测试的物理行为和原始数据获取。

本标准补充的试验内容包括：断裂韧性试验（涉及疲劳预裂纹试样的动态或静态测试，如平面应变断裂韧性，此试验一般适用于弹性、延性到脆性的转变，或完全塑性的行为）；冲击加载速率下的断裂韧性试验（涉及已疲劳预裂的夏比试验样的冲击试验，获得力与测量值或时间记录，确定材料动态断裂韧性性能的估计）；其他未被 ASTM 标准涵盖的力学性能测试（例如：微型、无损、非侵入式或原位测试技术，可用于适应材料可用性限制或辐照设施配置，或两者兼有）等。

（3）ASTM E1253，辐照夏比冲击试样重构标准指南。

对于核电厂老化管理问题（如运行许可证延期），可能需要将原来的辐照监督范畴扩展到现有的样品之外，以更好地定义现有的数据，或者在没有标准断裂韧性试验样品的

情况下确定材料的断裂韧性，对现有试样的断裂部分进行重组以提供数据。

本标准给出了用于核电厂铁素体压力容器钢的重构程序，包括 V 型夏比试样和适合于按照试验方法 E1921 或 E1820 进行三点弯曲试验的夏比尺寸试样[39]。来自辐照监督的材料（主要是损坏的试样）由相似材料的焊接端片重新组成，重新加工的试样截面要未受初始试验的影响。为选择合适的试样和端片材料、尺寸控制和避免缺口区域过热给出了指导方针。

重组技术部分对焊接过程、样品制备、夹具设计、热量输入、尺寸要求及安全注意事项等进行了描述。焊接工艺和焊接设计在重组前应进行质量检查，要使用已知冲击性能的材料，并在验收过程中证明达到本标准规定的验收标准。

（4）ASTM E853，轻水堆监测结果分析与解释标准规程。

反应堆容器监督计划的目的有两个。一是监测由于中子辐照和热环境导致的反应堆容器带环带区铁素体材料断裂韧性性能的变化；二是利用从监督程序中获得的数据来确定容器在其整个使用寿命中的运行情况。该标准给出了用于分析和解释 LWR 压力容器辐照监督中获得的中子辐照数据（中子注量率，中子能谱和中子注量以及反应堆容器的相应最大值）方法[40]。根据分析结果，建立了一种用于评估压力容器及其支撑结构目前和未来状况的办法；该标准与其他几份支持性 ASTM 标准相辅相成，为了使该标准内容相对完整，与 ASTM 和其他文件相关的领域提供了适当的讨论，讨论内容包括反应堆物理计算，剂量计选择和分析，以及辐照剂量等；该标准适用于为支持轻水堆核电厂的运行、许可和监管而建立的监督项目，程序和数据分析、解析和数据应用等主要在 ASTM E1006、E900 和 E1035 中解决。本标准更多地是给出了解决问题的思路，详细的技术细节包含在其支持标准中。

3）注量计算方法系列

本系列内容涉及中子解谱计算、堆物理中子输运计算和材料离位损伤的计算，可以指导 RPV 及监督组件受到中子注量水平的计算，是指导辐照监督工作的关键技术。该系列标准包括：

—ASTM E944，中子能谱调整方法在反应堆监督中的应用指南

—ASTM E1018，评估截面数据文件应用标准指标

—ASTM E693，根据每原子位移（DPA）表征铁和低合金钢中中子辐照的标准实践

—ASTM E482，中子输运方法在反应堆容器监督中的应用标准指南

—ASTM E2006，轻水反应堆计算基准试验标准指南

—ASTM E1006，分析和解释试验反应堆实验的物理剂量测定结果的标准实践

—ASTM E261 应用放射性技术测定中子注量、注量率和能谱的标准实践

—ASTM E560 推断反应堆容器监测剂量结果的标准规程

（1）ASTM E944，中子能谱调整方法在反应堆监督中的应用指南。

ASTM E944《中子能谱调整方法在反应堆监督中的应用指南》标准涵盖了反应堆（LWR）监督大纲的物理剂量测量的分析和解释，主要目的是应用调整方法来确定中子辐照损伤参数及其不确定度的最佳估计值[41]。调整方法提供了一种将中子输运计算结果与中子剂量测量结果相结合的方法（参见 ASTM E1005 和 NUREG/CR-5049），以便获得具有指定不确定度的中子辐照损伤参数的最佳估计值，包含测量值降低了这些参数值的不确定度，并为测量和计算之间以及不同测量之间的一致性提供了测试。

（2）ASTM E1018，评估截面数据文件应用标准指南。

ASTM E1018-20《评估截面数据文件应用标准指南》涵盖建立和使用 ASTM 评估的核数据截面和不确定度文件，以分析与反应堆压力容器监督相关的中子场中的单个或多个传感器测量值[42]。建立 ASTM 推荐的截面文件的要求涉及数据格式、评估要求、基准场的验证、误差估计的评估（协方差文件）和文档。ASTM 推荐的截面和不确定度主要基于 IRDFF（1.05 版）剂量测量文件。总剂量测量文件旨在尽可能自洽地在反应堆环境中应用的差分和积分测量方面保持一致。

（3）ASTM E693，根据每原子位移（DPA）表征铁和低合金钢中中子辐照的标准实践。

ASTM E693《根据每原子位移（DPA）表征铁和低合金钢中中子辐照的标准实践》描述了根据铁的每原子的辐照指数位移来表征铁和低合金钢中子辐照的标准程序[43]。假设铁的位移截面是计算以铁为主的钢（95%至100%）在辐照场中的位移的充分近似值，对于这些辐照场，二次损伤过程并不重要。

该标准的意义在于，压力容器监督大纲需要一种方法，用于将辐照加速监督位置的材料中的辐照引起的变化与压力容器的状况相关联（见标准 ASTM E560 和 E853）。一个重要的考虑因素是，辐照应以与损坏机制物理相关的单位表示。金属中子辐照损伤的一个主要来源是原子从其正常晶格移出。因此，适当的辐照损伤指数是原子在辐照过程中被移位的平均次数。每个原子的移位是表示该量的最常见方式，与特定辐照相关的 DPA 数取决于中子沉积在材料中的能量，因此取决于中子能谱。

（4）ASTM E482，中子输运方法在反应堆容器监督中的应用标准指南。

ASTM E482-16《中子输运方法在反应堆容器监督中的应用标准指南》规定了验证中子计算方法的标准，并概述了适用于实验堆和动力反应堆的压力容器相关中子计算的程序[44]。标准中提供的材料可用于验证计算方法和进行伴随反应堆容器监督剂量测量的中子计算。

该标准介绍了中子计算的必要性，准确计算多个位置的中子注量和注量率对于分析积分剂量测量值和预测压力容器中的辐照损伤参数值至关重要。辐照参数值可以直接从计算中获得，也可以通过剂量测量进行调整的计算中间接获得，ASTM E944 和 E853 给出了适用的计算过程。应用于反应堆容器监督的中子计算包括三个基本领域：（a）通过将计算与基准实验中的剂量测量进行比较来验证计算方法；（b）确定反应堆堆芯区的中子源分布；（c）计算压力容器中监督位置的中子注量率。在对特定设施执行输运计算之前，必须通过将结果与基准实验上的测量结果进行比较来验证计算方法。固定裂变源的确定基于反应堆堆芯中固定源的中子通量计算。

（5）ASTM E2006，轻水反应堆计算基准试验标准指南。

ASTM E2006《轻水反应堆计算基准试验标准指南》涵盖了对轻水反应堆系统中压力容器监督大纲的基准测试中子输运计算的一般方法[45]。配套标准（ASTM E2005）涵盖了在控制良好的环境中使用基准场来测试中子输运计算和截面。本标准涵盖了与反应堆压力容器监督相关的更复杂几何形状中中子注量计算（或其他辐照参数如 DPA 的计算）的实验基准测试。该标准的特别部分讨论：使用特征良好的基准中子场来指示计算方法和核数据在应用于典型情况下的准确性；并使用电站特定的测量值来指示单个电站计算中的偏差。使用这两种基准技术将有助于限制电站特定的计算不确定度，并且当与计算的分析不确定度估计相结合时，将为具有更高可信度的反应堆注量提供不确定度估计。

标准涉及对中子输运计算进行基准测试的难题，以确定电站特定反应堆几何形状的注量。这些计算对于在对材料辐照损伤估计很重要且无法测量的位置确定注量是必要的。这种计算最重要的应用是估计运行中的电站的反应堆容器内的注量，以提供容器中基体母材和焊接金属的辐照脆度的准确估计。标准介绍了使用具有已知特征的中子场来证实计算方法和核数据的一般程序，这些方法和核数据用于从中子传感器响应的测量中获得中子场信息。

（6）ASTM E1006，分析和解释试验反应堆实验的物理剂量测定结果的标准实践。

ASTM E1006《分析和解释试验反应堆实验的物理剂量测定结果的标准实践》提供了反应堆物理计算，剂量计选择和分析，辐照剂量和中子能谱调整方法，旨在开发和应用从实验堆辐照实验中获得的物理－剂量测量－冶金数据[46]。标准描述了用于确定实验反应堆辐照参数（以及相关的不确定度）的推荐程序和数据。附件 A1"分析和解释试验反应堆物理剂量测量结果的方法"中总结的方法，用于分析和解释试验反应堆的物理剂量测量结果。

（7）ASTM E261 应用放射性技术测定中子注量、注量率和能谱的标准实践。

ASTM E261《应用放射性技术测定中子注量、注量率和能谱的标准实践》描述了测定中子注量率、注量和探测器标本中产生的放射性能谱的程序，测定辐照对材料影响有关的量[47]。首先将含有已知数量待激活核素的样品置于中子场中，在测量一段时间后将样品取出，测定产生的活性。中子轰击对材料的影响取决于中子的能量，因此，确定中子注量的能量分布和总注量是很重要的。

本标准涵盖了通量、谱平均截面、反应速率等 13 个方面的详细计算方法。测量不确定性应用精度和偏差来描述，其中使用 A 型和 B 型不确定性分量方法是可以接受的。

（8）ASTM E560 推断反应堆容器监测剂量结果的标准规程。

该标准旨在与其他 E706 矩阵标准一起使用，以提供轻水反应堆内径位置和压力容器壁内的中子注量和注量率估计值（以及不确定性）[48]。还将提供伽马射线剂量和剂量率的估计，以解释剂量测定传感器光反应和其他伽马射线诱导效应。用于进行这些估算的信息来自中子 – 伽马输运计算，以及位于容器内侧和容器壁外空腔内的中子和其他传感器监测器。类似监测器的基准现场辐照也提供了用于验证计算准确性的有价值信息（一种横截面协方差和剂量测定监测器计数校准）。

需要了解监测位置处的辐照参数与压力容器壁内选定（r, θ, z）位置之间的时间相关关系，以确定压力容器的时间相关辐射损伤。必须知道时间依赖性，以便适当考虑因燃耗以及堆芯装载配置变化引起的复杂情况。还需要对容器壁中选定（r, θ, z）点的中子辐照参数值的不确定性进行估计，以确定无补救措施的反应堆容器的允许运行寿命上限。

该标准涵盖可用于确定中子辐照变化（注量 $E > 1.0$ MeV，dpa 等）以及监测位置和压力容器壁中点之间的辐照速率和能谱的变化 – 分析和分析 – 实验方法。还建议了报告这些分析结果的程序，并指定了不确定性。该标准涉及监督程序的物理剂量学方面，必须与其他 E706 矩阵标准结合使用，以提供基于冶金损伤相关性的外推。

4）测量传感器系列

该系列标准内容涉及监督试验中辐照剂量测量器件的选择、设计以及分析技术等内容，是中子辐照剂量监测的基础。体系标准包括：

—ASTM E844，反应堆监督用传感器装置设计和辐照的标准指南

—ASTM E2005，标准和参考中子场中反应堆剂量测定用基准试验的标准指南

—ASTM E1005，反应堆容器监督用辐射测量监控仪应用和分析的标准试验方法

—ASTM E854，反应堆监测用固态径远记录仪（SSTR）监视器的应用和分析的标准试验方法

—ASTM E910，反应堆容器监测用氦聚集流监视器应用和分析的标准试验方法

—ASTM E1214，反应堆容器监测用熔丝温度监测器的使用标准指南

（1）ASTM E844，反应堆监督用传感器装置设计和辐照的标准指南。

该标准涵盖反应堆中子辐照剂量监测所用中子剂量仪（传感器）、热中子屏蔽和监督管的选择、设计、辐照、辐照后处理和质量控制等[49]。裂变或非裂变中子剂量计可以用

于确定反应堆内中子注量率、中子注量或中子能谱。每个剂量计对特定能量范围敏感，在几种剂量计组合使用的情况下，就可以增加中子注量率谱的精确度。很多剂量计探测材料探测的中子能谱范围重叠，使用这些材料有很多不同原因，包括可用的分析设备，不同的横截面对于不同的注量率水平和光谱，首选化学或物理特性，并且在辐射剂量计的情况下，对不同半衰期同位素的不同要求，可能的干扰作用和化学偏析要求等。

标准中提供了适用于热中子、中间中子和快中子范围的剂量计元素，供设计者选择。

（2）ASTM E2005，标准和参考中子场中反应堆剂量测定用基准试验的标准指南。

该标准涵盖中子测量和计算基准的设施和程序。本标准的特定章节讨论：使用特征良好的基准中子场校准积分中子传感器；使用经认证的中子注量标准校准辐射计数设备或确定实验室间测量一致性；开发用于测试中子输运计算的特殊基准场；使用众所周知的裂变谱来基准谱平均截面；以及使用基准数据和计算来确定衍生中子剂量测定结果中的不确定性[50]。

该标准描述了使用具有众所周知特性的中子场进行中子传感器校准、相互比较不同剂量测定方法以及从中子传感器响应测量中获得中子场信息的方法。该标准仅讨论适用于轻水反应堆剂量测定基准测试的选定标准和参考中子场。所考虑的标准场是中子源环境，选择这些标准场是因为它们的谱与反应堆谱的高能区（$E > 2\ \text{MeV}$）相似。

（3）ASTM E1005，反应堆容器监督用辐射测量监控仪应用和分析的标准试验方法。

本标准描述了测量反应堆容器和支撑结构监督暴露期间诱发的核反应在辐射监测器（RMs）中产生的放射性核素比活度的一般程序[51]。测量结果可用于定义相应的中子诱导反应速率，进而可用于表征反应堆容器和支撑结构的辐照环境。主要测量技术是高分辨率伽马射线光谱法。

测量程序包括探测器背景辐射校正、随机和真实重合求和损耗、校准源标准与 RMs 之间的几何差异、RMs 辐射的自吸收、其他吸收效应和放射性衰变校正通过考虑计数持续时间、计数开始与辐照结束之间的经过时间、半衰期、RM 中目标核素的质量以及相关辐射的分支强度，计算特定放射性。使用适当的半衰期和已知的辐照条件，可将特定活性转化为相应的反应速率，包括根据放射性测量和辐照功率时间历程计算反应速率的程序。反应速率可以使用适当的积分截面和有效辐照时间值转换为中子注量速率和注量，并且与其他反应速率一起，可以通过使用适当的计算机程序来定义中子谱。

（4）ASTM E854，反应堆监测用固态径迹记录仪（SSTR）监视器的应用和分析的标准试验方法。

该试验方法描述了在轻水堆（LWR）应用中使用固体径迹记录器（SSTR）进行中子剂量测定。这些应用从低中子注量扩展到高中子注量，包括高功率压力容器监督和实验堆辐照以及低功率基准现场测量[52]。该试验方法更为详细，并特别注意使用最先进的手动和自动轨道计数方法，以获得高绝对精度，强调了实际高通量高温轻水堆应用中的现场剂量测定，该试验方法已取代 ASTM E418 方法。

（5）ASTM E910，反应堆容器监测用氦聚集流监视器应用和分析的标准试验方法

该试验方法描述了反应堆容器监督中子注量剂量计中氦累积的概念和用途。虽然这种测试方法针对的是容器监督中的应用，但其概念和技术同样适用于中子剂量计的一般领域[53]。

5）试样力学试验标准

美国 ASTM 协会制定了完整的材料力学试验标准，这些标准在国际上得到了广泛的使用。各国在制定自身标准方面，也在很大程度上参考了 ASTM 标准的技术要求。美国没有将常规材料和放射性材料力学性能试验标准区分，因此严格意义来说，这些标准与辐照监督并不直接相关，但在辐照监督试验方面，又不可或缺，因此本书将其作为辐照监督体系的一部分。

经梳理，这些力学标准主要包括：

—ASTM A370，钢制品机械性能试验的标准试验方法和定义

—ASTM E8，金属材料拉伸试验方法

—ASTM E21，金属材料高温拉伸试验的标准试验方法

—ASTM E23，金属材料缺口试样标准冲击试验方法

—ASTM E208，铁秦体钢无塑性转变温度落锤试验方法

—ASTM E399-90，金属材料线弹性平面应变断裂韧性的标准试验方法

—ASTM E813 断裂韧性 J_{IC} 的标准试验方法

—ASTM E1820 金属材料断裂韧性的标准试验方法

—ASTM E1921，测量铁素体钢在转变范围内参考温度 T_0 的标准试验方法

在辐照监督材料试验中，必然面对放射性样品操作问题，这在现有标准中并未体现，因此 ASTM 标准在一定程度上并不能完全指导有关放射性操作。在执行辐照监督材料试验时，仍需制定详细的操作程序。

4.2　法国辐照监督体系

4.2.1　法规要求

法国 RCC 系列规范首先从法国核安全局发布的 RFS《基本安全规则》法国法令（1974

年 2 月 26 日）法规层面对反应堆压力容器材料的辐照监督提出了指导性要求，要求材料的选择要考虑到辐照对其特性改变的影响，材料供货商要考虑材料辐照效应，并比较和解释说明，必要时完成材料辐照试验。

在标准规范层面，RCC-M《法国核电厂设计和建造规则》和 RSE-M《压水堆核电厂核岛机械设备在役检查规则》对反应堆压力容器从设计建造到在役运行期间涉及的相关辐照监督要求进行了系列规定，用于指导 RPV 设计和辐照监督工作。

4.2.2　RCC-M 和 RSE-M 规范要求

法国 RCC-M 附录 ZG 提供了 RPV 防脆断分析方法和 RPV 运行压力温度 – 压力限值曲线制定方法，并需要考虑材料寿期末性能，这些性能考虑了材料运行后的辐照效应、热老化效应和应变老化效应产生的变化。其中针对 RPV 堆芯带状区材料，辐照效应占主导地位，因此需重点考虑辐照效应。在运行阶段，根据 RPV 辐照监督管实测的材料辐照后的 RT_{NDT} 值、快中子注量实测值去验证设计及预测的可靠性和保守性，并依据 RSE-M 规范，复核运行压力温度限值曲线的包络性。若不能包络则需根据实际运行状态进行修正，但在延寿阶段必须根据实际运行状态进行重新的断裂力学评价。

4.2.2.1　RCC-M 规范要求

RCC-M-2002 版附录 ZG《快速断裂抗力》中提供了两种防断裂评价方法，第一种方法与 ASME-Ⅲ-附录 G 方法相同；第二种方法是法国自己研究开发的方法，着重研究和规定了转变区内考虑裂纹扩展的防止断裂的方法，采用了弹塑性断裂力学可在工程上应用的原理。2007 版 RCC-M 附录 G 进行了较大修改，放弃了 2002 版中的两种方法，重新提出了一种新的方法。

（1）缺陷尺寸假设如下：

——深度 a_c：

① 当壁厚≤40 mm 时，a_c＝min（1/2 壁厚，10 mm）；

② 当壁厚＞40 mm 时，a_c＝min（1/4 壁厚，20 mm）。

——长度 c_c 应满足深长比的要求：$a_c/2c_c$＝1/6。

（2）应力强度因子 K_I 的计算采用拟合应力多项式结合影响函数方法，主要公式如下：

正应力 $\sigma(x)$ 分布可用以 X 为变量的下列多项式表示：

$$\sigma(x) = \sigma_0 + \sigma_1(x/L) + \sigma_2(x/L)^2 + \sigma_3(x/L)^3 + \sigma_4(x/L)^4$$

应力强度因子 K_I 的表达式如下：

$$K_I = (\pi a)^{1/2}(\sigma_0 i_0 + \sigma_1(x/L)i_1 + \sigma_2(x/L)^2 i_2 + \sigma_3(x/L)^3 i_3)$$

其中：x 是距离的变量，$0 \leqslant x \leqslant t$，$t$ 为容器壁厚；L 为应力拟合区域的距离，$0 \leqslant L \leqslant t$；$a$ 是裂纹深度；i_0、i_1、i_2、i_3 是影响函数，是裂纹的几何形状、所在区域以及 a/L 的函数。

（3）塑性区半径需进行修正以得到修正后的应力强度因子 K_{cp}：

$$r_y = \frac{1}{6\pi}\left(\frac{K_I}{R_p}\right)^2$$

$$K_{cp} = \alpha K_I \sqrt{\frac{a + r_y}{a}}$$

（4）评定准则。

评定准则见表 4-3。

表 4-3　压力容器结构完整性评定准则

载荷工况	防止脆性断裂和塑性撕裂失稳的安全裕度	防止裂纹扩展起裂的安全裕度	防止裂纹扩展起裂和失稳的包罗裕度
A 级准则	2	1.3	1.6
C 级准则和试验工况	1.6	1.1	1.3
D 级准则	1.2	—	1.0

（5）符合 M2110 和 M2120 的低合金钢材料的临界应力强度因子 K_{IC}。

$$K_{IC} = 40 + 0.09(T - RT_{NDT}) + 20e^{0.038(T - RT_{NDT})}$$

其中，辐照后的 RT_{NDT} = 初始 RT_{NDT} + ΔRT_{NDT}，而 ΔRT_{NDT} 计算需要考虑辐照效应、热老化效应、应变老化效应三种机理的影响，但多种机理引起的脆化不叠加，只考虑引起最高 ΔRT_{NDT} 的机理，通常辐照效应占主导地位。三种机理的 ΔRT_{NDT} 计算如下：

① 辐照效应影响。

$$\Delta RT_{NDT} = [22 + 556(\%Cu - 0.08) + 2\,778(\%P - 0.008)] \times (f / 10^{19})^{1/2}$$

式中：

ΔRT_{NDT}：转变温度幅值增量，℃；

f：$E \geqslant 1$ MeV 的快中子注量，单位 10^{19} n/cm²；

$\%Cu$：铜的质量含量。在含量低于 0.08% 的情况下，公式中 $\%Cu$ 的值取 0.08%；

$\%P$：磷的质量含量。在含量低于 0.008% 的情况下，公式中 $\%P$ 的值取 0.008%。

上述公式适用于中子注量为 $10^{18} \sim 8 \times 10^{19}$ n/cm² 和辐照温度为 275～300 ℃ 的情况。

温度低于 275 ℃时辐照效应会加剧，温度高于 300 ℃时辐照效应会降低，这种情况下都必须对 ΔRT_{NDT} 计算值进行修正，但规范没有给出具体的修正方法，而且上述公式没有区分母材和焊缝，其实质上与 RG 1.99 Rev.1 版的公式相同。

② 热老化影响。

$$RT_{NDT\ aged} = RT_{NDT\ initial} + \Delta RT_{NDT\ ageing}$$

表 4-4 给出了 $\Delta RT_{NDT\ ageing}$ 幅值。其幅值与温度、老化时间和磷含量相关。

表 4-4 $\Delta RT_{NDT\ ageing}$ 幅值

| | 母材 $\Delta RT_{NDT\ ageing}$/℃ | | | | | | 热影响区 $\Delta RT_{NDT\ ageing}$/℃ | | | | | |
| | 300 ℃ | | 325 ℃ | | 350 ℃ | | 300 ℃ | | 325 ℃ | | 350 ℃ | |
$P/10^{-6}$	40 年	60 年	40 年	60 年	40 年	60 年	40 年	60 年	40 年	60 年	40 年	60 年
40	2	2	4	5	8	9	0	0	0	0	10	13
60	3	3	6	7	12	14	0	0	3	7	11	17
80	4	4	8	10	16	18	0	0	9	15	33	40

③ 应变老化影响。

—HAZ 以外的母材（BM）： $RT_{NDT\ aged\ BM\ strain} = RT_{NDT\ initial\ BM} + \Delta RT_{NDT\ strain\ BM}$

—HAZ 的母材： $RT_{NDT\ aged\ HAZ\ strain} = RT_{NDT\ initial\ HAZ} + \Delta RT_{NDT\ strain\ HAZ}$

—焊缝（WJ）： $RT_{NDT\ aged\ WJ\ strain} = RT_{NDT\ initial\ WJ} + \Delta RT_{NDT\ strain\ WJ}$

$\Delta RT_{NDT\ strain\ BM} = 15$ ℃

$\Delta RT_{NDT\ strain\ HAZ} = 0$ ℃

4.2.2.2　RSE-M 规范要求

RSE-M 规范关于材料辐照后计算公式与 RCC-M 附录 ZG 有较大区别，RSE-M 规范区分了母材和焊缝。RSE-M（1997 年版）B6310 中对于筒体 ΔRT_{NDT} 的预测推荐 FIS 公式，对于焊缝 ΔRT_{NDT} 的预测推荐 EDFs 公式。RSE-M（1997 年版）给出的 ΔRT_{NDT} 为数据拟合的上包络线。

RSE-M（2010 年版）对 1997 版及后续版中的 FIS 和 EDFs 公式进行了修正，预测分为平均值预测公式和上包络预测公式。RSE-M（2010 版）平均值预测公式同时适用于设计阶段和在役阶段的防快速断裂分析，而且相比 1997 版公式，扩大了中子注量的最大适用范围，而且第一次提出了中子注量率的适用范围限制。上包络值预测公式在平均值预测式的基础上增加了两倍标准偏差项，但上包络值预测公式只适用于设计阶段。

4.2.3 辐照监督执行标准

法国虽然有自己的 NF 标准体系，但法国在辐照监督体系试验执行标准方面同样参考了美系标准，如：

——在冲击试验中，直接引用美国 ASTM A370 标准；

——在断裂韧性试验中，直接引用美国 ASTM E813 标准；

——在确定 RT_{NDT} 的落锤试验中，直接引用美国 ASTM E208 标准。

可以认为，法国体系学习了美国的部分先进技术，引进了相关标准，但全面性远不及美国 RPV 辐照监督标准体系全面。如法国 RPV 材料 16MND5 基于 SA508-3 发展起来，各方面特性均近似美国的 SA508-3 材料；如在辐照监督大纲设置方面基本使用了 ASTM E185《轻水冷却反应堆压力容器辐照监督大纲设计标准》；在试验执行层面，RCC-M 规范中给出了试验要求，但试验技术直接引用美国相关 ASTM 标准作为指导。但即使吸收了美国技术内容，法国标准体系也是有其特征的，如为了更好的对材料寿命进行估计，RSE-M 标准中给出了在役期间 RPV 材料辐照脆化性能预测的公式，该公式基于法国国内核电厂辐照监督数据拟合而成，用于参考无延性转变温度 ΔRT_{NDT} 的预测。

4.3 国内辐照监督体系

4.3.1 法规要求

国内核安全法规层面对反应堆压力容器的辐照效应及其监督作了原则性的指导要求。HAF102-2004《核动力厂设计安全规定》第 6.2.2 节明确规定"必须采取措施执行反应堆冷却剂压力边界（特别是处于高辐射区域）和其他重要部件的材料监督大纲，以确定结构材料的辐照、应力腐蚀开裂、热脆化和老化等诸多因素的冶金学效应"。HAF102-2016《核动力厂设计安全规定》第 5.5.3 节老化管理中规定"必须确定核动力厂安全重要物项的设计寿命。设计必须提供适当的裕度，以考虑有关老化、中子辐照脆化和磨损机理，以及与服役年限有关的性能劣化的可能性，从而保证安全重要物项在其整个设计寿期内执行所必需的安全功能的能力"。

在核安全导则方面，与辐照监督工作关系最密切的 HAD103-11《核动力厂定期安全审查》中 4.1.7 节有如下叙述：应尽可能识别与老化有关的可能导致核动力厂关键构筑物、系统和部件故障且可能限制核动力厂寿期的劣化机理。4.2.4 节说明：核动力厂所有构筑物、系统和部件都在经受着由老化引起的最终会损害其安全功能和缩短使用寿期（对建造延期和停堆停机延期的情况要特别注意）的某种形式的物理变化。这些物理变化差异很大，因此，应了解和控制可能损害安全功能的所有材料（包括消耗品，如润滑剂）以及构筑物、系统和部件的老化。我国有关安全审查一般为十年一个周期，辐照性能下降是老化的重要关注内容，因此辐照监督工作需要为每十年一次的安全审查提供新的辐照监督数据，作为确保 RPV 正常运行的技术支持材料。

4.3.2　辐照监督标准

国内最早关于 RPV 辐照监督标准是 1991 年发布的 EJ/T 560《反应堆压力容器材料辐照监督要求》，该标准在 2002 年进行了修订。目前，NB/T 20220—2013《轻水反应堆压力容器辐照监督》标准已替代 EJ/T 560 标准。该标准是基于美国 ASTM E185 系列标准而编制的，并在此基础上体现了国内辐照监督方面累积的一些经验反馈，规定铁素体材料的反应堆压力容器内壁寿期末累计快中子注量大于 1×10^{17} n/cm^2 时，就必须设置辐照监督措施。

NB/T 20220—2013 作为辐照监督方面的纲领性标准，规定了轻水冷却反应堆压力容器在中子辐照环境下的中子注量计算和测量，温度环境监测和铁素体材料力学性能变化监督试验的要求及方法，用以确定反应堆压力容器安全运行的条件，使其在设计寿期内始终保持完整性。其技术体系关乎全部与辐照脆化监督相关的领域，其内容涉及：监督报告编写、监督大纲编制、监督材料界定、监督组件设计、监督试验设计、力学性能试验、中子注量的测量、确定中子场的中子输运计算、辐照温度峰值的监督、剂量测定结果外推、结果的分析和推断、中子剂量探测器设计和使用、中子输运方法的应用、中子谱调整法和辐照脆化预测等内容[54]。NB/T 20220 为一份全面的辐照监督工作指导性标准，其内容覆盖了表中的每个分类项。当然，仅有综合性标准是不够的，还需要其他专项标准进行技术补充。

因此该标准大量引用了国内外辐照监督标准，具体见表 4-5。

表 4-5　NB/T 20220 涉及标准体系文件分类表

分类	标准号
常规材料和放射性材料力学性能测试技术	GB/T 6803, GB/T 2975, GB/T 229, GB/T 12778, GB/T 4338, GB/T 228, GB/T 21143, GB/T 4161, NB/T 20292, ASTM E1820, ASTM E1921
辐照剂量测量技术	ASTM E261, ASTM E844, ASTM E1005
中子输运计算技术	ASTM E693, ASTM E1018, ASTM E2005, ASTM E2006
辐照脆化趋势评估技术	1.99 Regulatory Guide, ASTM E900, JEAC 4201, RSE-M 1997（B6310）
其他	ASTM E794

从引用参考文献中可以看出，国内在辐照剂量测量技术、中子运输技术、辐照脆化趋势评估技术三个分类中，基本仅引用了国外标准，没有国内标准可以引用，存在体系标准空缺。

4.3.3　配套标准

我国编制了适用于 RPV 辐照监督的配套系列标准，包括：

—NB/T 20439—2017，压水堆核电厂反应堆压力容器压力–温度限值曲线制定准则；

—NB/T 20440—2017，压水堆核电厂反应堆压力容器防止快速断裂评定准则；

—NB/T 20032—2010，压水堆核电厂反应堆压力容器承压热冲击评定准则；

—NB/T 20230—2013，压水堆冷却剂压力边界材料断裂韧性要求；

—NB/T 20292—2014，核电厂用铁素体钢韧脆转变区参考温度 T_0 的测试方法。

以下对这些标准进行简要介绍：

1）NB/T 20439—2017 压水堆核电厂反应堆压力容器压力–温度限值曲线制定准则

国内于 1994 年发布了 EJ/T 918《压水堆核电厂反应堆压力容器压力–温度限值曲线制定准则》，该标准是参考 ASME B&PVC《锅炉与压力容器规范》（1992 版）编写的，以 K_{IR} 作为材料断裂韧性评价指标，而新版 ASME 规范（2007 版及之后版本）中均改为以 K_{IC} 为断裂韧性评价指标，使反应堆具有更加宽松的运行窗口，提高反应堆整体安全运行水平[55]。

在此背景下，NB/T 20439《压水堆核电厂反应堆压力容器压力–温度限值曲线制定准则》对 EJ/T 918—94 进行了修订，该标准适用于压水堆铁素体钢制反应堆压力容器设计，规定了反应堆压力容器在试验工况与正常运行工况下所承受的压力与温度的限值要求。该标准编制中主要参考的国外标准有：ASME 规范第Ⅲ卷附录 G 和第 XI 卷附录 G（2007 版）、RCC-M 规范附录 ZG（2007 版）、10 CFR 50 附录 G、10 CFR 50.61、RG 1.99-2；参考国内标准有 NB/T 20035—2011（2014RK）、NBT 20032—2010、EJ/T 918—1994 和 EJ/T 1033—1996。

该标准主要技术内容包括：

（1）防止快速断裂的要求；

（2）压力–温度（P-T）限值计算，包括针对不同电厂需求的两种方法：方法一来源于 ASME 规范第Ⅲ卷附录 G 和第 XI 卷附录 G，方法中的最低温度要求来源于 10 CFR 50 附录 G；方法二来源于 RCC-M 规范附录 ZG；

（3）调整后的参考无延性转变温度的计算。

本标准与 EJ/T 918—1994 相比，主要技术变化如下：

（1）提供两种压力温度限值曲线计算方法应对不同电厂的需求，其中第二种方法为新增内容；

（2）原标准中的基准断裂韧度 K_{IR} 更新为静态断裂韧性 K_{IC}；

（3）第一种方法中采用公式法替代查图法确定参考临界应力强度因子；

（4）第一种方法中采用公式法替代查图法计算应力强度因子系数 Mm 和 Mb 的确定；

（5）第一种方法中增加了温度梯度引起的应力强度因子确定方法；

2）NB/T 20440—2017 压水堆核电厂反应堆压力容器防止快速断裂评定准则

NB/T 20440《压水堆核电厂反应堆压力容器防止快速断裂评定准则》适用于压水堆核电厂钢制铁素体反应堆压力容器的断裂分析评定，主要来源于 ASME 规范第Ⅲ卷第一册附录 G，同时也包含了 RCC-M-2007 版 ZG 中的评价方法。在此不再展开介绍[56]。

3）NB/T 20230—2013，压水堆冷却剂压力边界材料断裂韧性要求

该标准对 EJ/T 721—1992《压水堆冷却剂压力边界材料断裂韧性要求》进行了全面修订，修订主要依据 ASME NB2300 和 10 CFR 50 附录 G 的要求[57]。

该标准适用于压水堆冷却剂压力边界铁素体钢材料，规定了断裂韧性试验要求以及最低断裂韧性要求。该标准断裂韧性试验，规定了夏比冲击试验试样的取向和部位、试验温度、吸收能量、侧膨胀值和剪切断口百分率针对反应堆压力容器材料，并给出了免于冲击试验的情况；针对落锤试验，则具体参考 GB/T 6803 要求。该标准针对 RPV 环带区提出了 KV-T 曲线的材料试验的特殊要求，给出了 RPV 材料参考温度 RTNDT 的确定方法。

该标准已取代 EJ/T 721—1992，相较 EJ/T 721—1992，取消了针对铁素体材料适用的屈服强度的相关限制要求，取消了检漏试验和水压试验工况下的断裂韧性要求，这部分要求在 NB/T 20439—2017《压水堆核电厂反应堆压力容器压力–温度限值曲线制定准则》中进行了规定。

4）NB/T 20292—2014，核电厂用铁素体钢韧脆转变区参考温度 T_0 的测试方法

该标准参考 ASTM E1921-11《确定铁素体钢韧脆转变去参考温度 T_0 的标准试验方

法》编制，并根据我国实际情况做了适当修改。标准规定了铁素体钢韧脆转变区参考温度 T_0 的测试方法，适用于核电厂规定屈服强度大于或等于 275～825 MPa 的铁素体钢，以及经过消除应力退火、与母材强度失配不超过 10%的焊缝金属的参考温度 T_0 的测定。标准规定了试验的形状、尺寸和制备要求，给出了断裂韧度试验和计算方法[58]。

目前，铁素体钢在韧脆转变区的断裂韧性试验方法仍然是比较热门的学术研究方向，ASTM E1921 标准依然在频繁升版，以纳入最新的研究成果。与目前最新的 ASTM E1921 版本相比，NB/T 20292—2014 缺少了高加载速率下的主曲线参考温度 T_0 的试验方法，针对宏观非均匀材料（例如，焊接热影响区）的断裂韧度试验方法。此外，NB/T 20292—2014 建议采用适当的科学方法对拘束度不足的断裂韧性试样进行拘束修正，例如 Beremin 局部法模型，但并未给出具体的修正方法。因此，为完善 NB/T 20292—2014 版标准有关上述技术内容的不足，促使我国的相关断裂韧性试验标准的技术内容更加完整，反映最新的技术进展，《核电厂用铁素体钢韧脆转变区参考温度 T_0 的测试方法》正在进行修订。修订后的标准将继续充分结合我国国情和技术水平，遵循我国法规技术体系，指导铁素体钢在韧脆转变区的断裂韧度试验方法和技术应用与发展。

另外，我国制定了全面的材料力学试验方法国家标准，如：

—GB/T 228 《金属材料拉伸试验》；

—GB/T 229 《金属材料夏比摆锤冲击试验方法》；

—GB/T 2975 《钢及钢产品力学性能试验取样位置及试样制备》；

—GB/T 4338 《金属材料高温拉伸试验方法》；

—GB/T 4161 《金属材料平面应变断裂韧度 K_{IC} 试验方法》；

—GB/T 6803 《铁素体钢的无塑性转变温度落锤试验方法》；

—GB/T 12778 《金属夏比冲击断口测定方法》；

—GB/T 21143 《金属材料　准静态断裂韧度的统一试验方法》；

—GB/T 4161 《金属材料　平面应变断裂韧度 K_{Ic} 试验方法》等。

但这些方法，也并不是针对辐照后的放射性材料试验标准，因此我国核工业也在针对性编制自主的适用于辐照监督材料的力学试验标准，如 EJ/T 20276 《反应堆压力容器材料韧脆转变温度曲线的测定》。但遗憾的是，由于我国发展核电发展的技术路线限制，这些标准目前并未在我国的辐照监督体系中得到具体应用。而在辐照监督实践中，基本采用了美国辐照监督体系执行标准。而现有的 ASTM 的断裂韧性测试标准与国内标准存在技术体系的差异，ASTM 标准是建立在美国技术体系之上，由于特殊的原因，某些技术细节并未给出，更有某些技术指标可能高于国内技术水平。因此，虽然美国标准具有很高的权威性，但是并不一定适合我国的辐照监督工作。

5 辐照监督数据库

辐照脆化监督数据是制定辐照脆化模型的基础，世界各主要核电国家都已收集了整理了各自国家范围内的商用堆和实验堆的辐照监督数据，并用于辐照脆化模型的开发和应用。

5.1 IAEA 的 IDRPVM 数据库

从 20 世纪 60 年代中期开始，国际原子能机构（IAEA）核电分会通过一系列专家会议对中子辐照效应进行了技术交流。20 世纪 70 年代初，IAEA 发起了关于 RPV 结构完整性研究的合作研究计划（Coordinated Research Program，CRP），反应堆压力容器可靠性国际工作组（International Working Group，IWG）在其中开展了大量的信息交流及研究工作。

目前，CRP 计划共开展了 9 个阶段的研究工作，各阶段的主要研究内容为：

CRP 第一阶段（1971—1976 年）：RPV 用钢的辐照脆化研究，主要目的是建立标准的机械性能及辐照条件的测试方法；

CRP 第二阶段（1976—1983 年）：先进 RPV 材料中子辐照的行为研究，主要是对各国所生产的先进 RPV 材料（低 S、P 含量）中子辐照后的测试和评估方法研究；

CRP 第三阶段（1983—1994 年）：RPV 辐照监督大纲的优化与分析研究，主要是通过开展辐照试验获得大量的辐照脆化数据并建立辐照监督试样测试导则；

CRP 第四阶段（1995—2002 年）：RPV 结构完整性研究，主要是对主曲线技术的研究；

CRP 第五阶段（1999—2003 年）：辐照监督计划的结果在 RPV 结构完整性中的应用研究，主要是对导则的改进以及对主曲线技术的应用研究；

CRP 第六阶段（1999—2003 年）：Ni 元素对轻水堆 RPV 材料辐照效应的影响研究，主要是 Ni 元素对 RPV 材料辐照脆化影响的机理研究；

CRP 第七阶段（2001—2004 年）：采用 RPV 材料辐照脆化数据库对 WWER 堆型的 RPV 辐照损伤进行评估；

CRP 第八阶段（2004—2007 年）：主曲线法在监测 RPV 材料断裂韧性中的研究；

CRP 第九阶段（2005—2007 年）：在承压热冲击（PTS）条件下对 RPV 结构完整性计算的方法研究。

根据 CRP 第三阶段的研究，IAEA 公布了研究所获得的数据，其中 80% 的数据是由实验堆试样测试得到，20% 的数据由商用核电站中的辐照监督试样测试得到。

1993 年的 CRP 会议中，与会人员认为 IAEA 应组织建立 RPV 材料国际数据库（International Database on Reactor Pressure Vessel Material，IDRPVM），并以此作为建立老化管理国际数据库的第一阶段，核电站寿命管理（Life Management of Nuclear Power Plants，LMNPP）国际工作组（IWG）认为该数据库应同时包含商用堆和试验堆的数据，主要目标为：

（1）整合 IAEA 各成员国的辐照脆化数据，以帮助各核电站更好地评估 RPV 辐照脆化状态；

（2）建立数据收集、编辑、鉴定、维护和存档导则，以利于从各国数据管理系统中获取、应用数据；

（3）建立标准的数据库框架，以利于各国数据的传递与使用；

（4）维护数据库并为 IAEA 成员中的研究提供可行的数据。

1996 年 11 月，IAEA 公布了 IDRPVM 的第一个测试版，该版中的数据库均是由 CRP 第三阶段的研究中获取的，该版的数据只采用了实验堆数据，而没有商用核电站数据[59][60]。IDRPVM 数据库主要包括以下 6 个部分：

（1）材料特征，包括材料化学成分、材料供应商、其他用户支持信息、热处理信息、焊接参数；

（2）运行历史，主要包括辐照环境与热老化环境；

（3）性能测试结果，主要包括拉伸试验、夏比 V 型冲击试验、静态断裂韧性测试、动态断裂韧性测试、硬度测试、韧脆转变温度；

（4）参考文献，主要包括参考文献清单和其他相关参考信息；

（5）无损检测，主要包括金相图片、其他无损检测信息；

（6）汇总的曲线图表数据。

IDRPVM 测试版采用的数据库软件是 Microsoft（MS）Access，该版本仅允许用户选择、浏览或打印数据，并且数据只能在 MS Access 格式下进行输出，用户需要采用代码对数据进行操作和分析。

5.2 美国 EDB 数据库

EDB 数据库收集与整理了美国商用核电站辐照监督数据和实验堆的辐照数据，并采用商用软件对数据进行管理和维护，以促进辐照脆化预测模型的改进，支撑热退火对延寿的影响研究，为管理导则、标准评估计划及 ASME 提供技术支持。NRC 资助美国橡树岭国家实验室（ORNL）维护整个 EDB 数据库，它在商用核电站 RPV 材料辐照脆化数据库（Power Reactor Embrittlement Data Base，PR-EDB）和实验堆材料辐照脆化数据库（Test Reactor Embrittlement Data Base，TR-EDB）两个数据库基础上建立起来。

5.2.1 ORNL 的 PR-EDB

美国 ORNL 的动力堆脆化数据库 PR-EDB（Power Reactor Embrittlement Database）第 1 版的第 1 次编辑于 1989 年 10 月完成，1990 年 6 月出版。随后，在与美国电力研究所（EPRI）的合作下，美国反应堆供应商对数据进行了额外的验证和质量保证。供应商的逐条记录检查消除了一些错误和含糊不清之处，并通过提供作者以前无法获得的其他文档和供应商记录中的数据填补了许多空白。尽管反应堆供应商尚未验证所有数据，但输入的所有数据都可以在引用的参考文件中查阅。对第 1 次编辑和文件的修改已纳入 PR-EDB 第 1 版第 1 次修订（1991 年 4 月）。

PR-EDB 第 2 版[61]于 1994 年 1 月发布，包含了 96 个反应堆的 252 个监督管中的辐照数据，包括 207 个热影响区（HAZ）材料数据点（98 个不同的 HAZ）、227 个焊缝数据点（105 个不同的焊缝）和 524 个母材数据点（136 个不同的母材）。其中母材包括 297 个板材数据点（98 个不同板材）、119 个锻件数据点（35 个不同锻件）和 108 个参考材料数据点（一个 ASTM 和两个 HSST 板材）。

PR-EDB 第 3 版[62]将数据库从 DOS 环境升级到 Windows 环境，并提供了数据处理和分析功能，辐照数据来自 106 个商用堆的 321 个辐照监督管。

PR-EDB 的辐照数据包括材料牌号、核电站名称、监督管代号、热处理代号产品形式、试样取样方向、材料化学成分、中子注量、辐照温度、初始 RT_{NDT}、辐照后 RT_{NDT}、ΔRT_{NDT}、USE、ΔUSE 等。图 5-1 是 PR-EDB 数据表格的一个示例，图 5-2 是 PR-EDB 第 3 版的一个软件界面，图 5-3 是 PR-EDB 中不同注量和辐照温度下的夏比冲击数据分布，图 5-4 是 PR-EDB 中不同 Cu 和 Ni 含量下的夏比冲击数据分布。

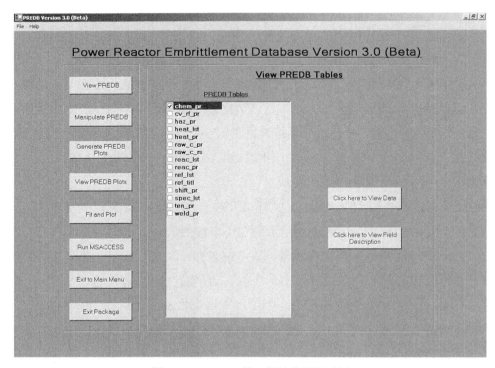

图 5-1　PR-EDB 数据表格的一个示例

图 5-2　PR-EDB 第 3 版软件界面示例

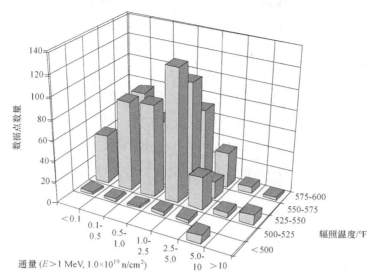

图 5-3 PR-EDB 中不同注量和辐照温度下的夏比冲击数据分布

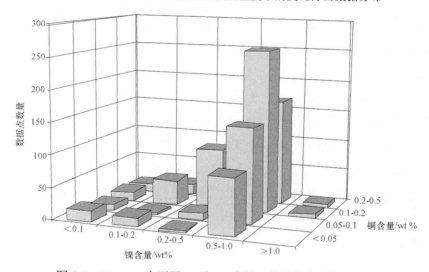

图 5-4 PR-EDB 中不同 Cu 和 Ni 含量下的夏比冲击数据分布

5.2.2 ORNL 的 TR-EBD

试验堆脆化数据库 TR-EDB（Test Reactor Embrittlement Database）第 1 版[63]于 1993 年 12 月完成，1994 年 1 月出版。TR-EDB 是材料试验堆辐照结果的集合，数据来源于 NRC、ORNL 以及法国、德国、日本、英国等国家实验堆数据，由于各国在对实验的操作及数据处理方面的差异，需要对所收集的实验数据进行进一步核实与辨别，部分未解决的问题以"注"的形式列出。TR-EDB 是对 PR-EDB（仅限于商业动力堆监督管分析结果）的补充。由于试验堆的结果可能不适用于动力堆，因此 RG 1.99 中的辐照脆化预测完全基于动力堆数据。然而，试验堆试验能够涵盖更广泛的材料和辐照条件，这些材料和辐照条件对于更全面地探索各种辐照脆化预测模型是有必要的。这些数据也需要用于研究退火对 RPV 延寿的影响，而这些影响很难从监督管的结果中获得。

TR-EDB 的当前数据主要包含夏比冲击试验数据，在大多数情况下，这些数据伴随着相同辐照条件下的拉伸试验。TR-EDB 中有 1 230 个不同的辐照数据，其中 797 个来自母材（板材和锻件），378 个来自焊缝，55 个来自 HAZ 材料。研究材料的化学成分也有相当广泛的范围，特别是 Cu 和 Ni 的含量。1 230 个样品中有 1 095 个样品有完整的化学信息（丢弃 HAZ 信息后）。

5.2.3 ORNL 的 EDB

ORNL 的脆化数据库 EDB（Embrittlement Database）第 1 版[64]由 PR-EDB 第 2 版和 TR-EDB 第 1 版合并而成的，于 1997 年 1 月完成，1997 年 8 月出版。断裂韧性数据也被集成到 EDB 中。

对于动力堆，EDB 列出了 1 029 个夏比转变温度增量数据点，包括 321 个板材数据点，125 个锻件数据点，115 个参考材料数据点，246 个焊缝数据点，以及 222 个 HAZ 材料数据点。这些数据来自 101 个商业动力反应堆的 271 个监督管。

对于试验堆，EDB 列出了 1 308 个不同的辐照组数据（352 个板材数据点，186 个锻件数据点，303 个参考材料数据点，396 个焊缝数据点和 71 个 HAZ 材料数据点）及 268 个不同的辐照加退火数据（89 个板材数据点，4 个锻件数据点，11 个参考材料数据点和 164 个焊材数据点）。

5.3 NRC RVID 数据库

5.3.1 建立背景

RVID（Reactor Vessel Integrity Database）是美国 NRC 开发的辐照监督数据库，作为对 NRC 一般函告 GL92-01 和 GL92-01 补充的响应，记录了颁发运行许可证的美国核电厂的反应堆压力容器堆芯带区材料性能。1994 年美国核管会（NRC）在对美国在役核电站辐照监督数据收集整理的基础上建立了第一版 RPV 结构完整性数据库（Reactor Vessel

Integrity Database，RVID1），1997 年 NRC 对该数据库进行了升级，形成了第二版（RVID2）。NRC 网站于 2000 年 7 月向大众公开最新一版的 RVID 数据库（2.0.1），可在个人电脑上运行。RVID 包含了 PWRs 的 PTS 汇总表，BWRs 的 P-T 限值汇总表，上平台能量 USE 汇总表，辐照监督数据表。该数据库的主要功能是利用辐照监督数据对美国核管会颁布的管理导则 RG 1.99（Rev.2）中相关的计算公式进行修正，更准确地预测寿期末 RPV 材料的韧脆转变温度（RT_{NDT}）以及上平台能量（USE），并将计算结果用来分析 RPV 运行的压力－温度限值曲线（P-T 曲线）以及对承压热冲击（PTS）条件下 RPV 的结构完整性。

5.3.2　基本信息

RVID 数据库主要包含三部分内容：

（1）辐照监督信息，包括材料类型（锻件、板材、焊缝）、材料牌号、监督试样化学成分（Cu、Ni、P、S）、热处理炉号、堆芯段位置、冷态上平台能量 USE、初始 $RT_{NDT}(U)$、初始 $RT_{NDT}(U)$ 的测试方法、监督管编号、超前因子、中子注量、实测 ΔRT_{NDT}、热态实测上平台能量 USE、寿期末（EOL）中子注量、寿期末（EOL）1/4 壁厚处中子注量。

（2）寿期末 RT_{PTS}（PWR）或 ART（BWR）计算信息，包括注量因子 FF、实测 ΔRT_{NDT} 值是否用来计算批化学因子（Group CF）、Group CF、预测 ΔRT_{NDT}、预测 ΔRT_{NDT} 与实测 ΔRT_{NDT} 的差值、预测 ΔRT_{NDT} 与实测 ΔRT_{NDT} 的标准偏差、实测 ΔRT_{NDT} 值是否可信、寿期末（EOL）注量因子、化学因子、寿期末（EOL）ΔRT_{PTS}、裕量 M、寿期末（EOL）RT_{PTS}。

（3）寿期末 USE 计算信息，包括上平台能量 USE 下降百分数、上平台能量 USE 下降百分数偏移值、寿期末（EOL）1/4 壁厚处 USE 下降百分数、寿期末（EOL）1/4 壁厚处 USE 值。

RVID 第一版是在 DOS 环境下，采用 FoxPro™ 语言进行编辑的；随后，RVID 被改进并公开，形成了 RVID 第二版，该版本是在 Windows 3.1 的环境下，以 Microsoft Access 2.0™ 为运行基础，用户也可以在高级版本的 windows 环境下不采用 Microsoft Access 2.0™ 运行。

5.4　法国数据库

在法国，基于 RPV 设备的老化管理需求，法国电力公司（EDF）在 70 年代初就建立了 SURF 辐照脆化数据库（SURveillance de la Fragilisation）。法国首座核电站电站运行于 1977 年，故而 SURF 数据来源既包括未辐照的 RPV 性能数据，也包括商用堆辐照后的 RPV 性能数据。迄今为止，数据库已经收集了约 300 根辐照监督管的性能数据，每根辐照监督管约有 100 个性能分析试样，涵盖机械性能、化学成分、辐照剂量等。

现阶段，EDF 应用辐照脆化数据库主要用于修正辐照脆化预测模型（Embrittlement trend correlations，ETC）或中子注量与损伤关系（Dose to damage relationship，DDR）。

5.5　国内数据库

我国尚没有权威机构收集各核电厂压力容器辐照脆化监督数据，也缺乏相应的政策规定和收集机制。国内各核电厂提取的辐照监督管数据也基本掌握在各核电厂和各自技术支持机构中，试验堆辐照数据在相关科研机构手中，暂未查到公开数据库。

缺乏适合我国压力容器辐照监督数据库的弊端在运行机组安全评价和问题处理上已逐步显现。随着我国核电机组运行时间的累积，压力容器辐照监督管数据也在不断增多，已基本具备建立适合我国压力容器材料的辐照监督数据库的条件，因此迫切需要开展辐照脆化数据收集与建库工作。

6 辐照监督大纲

辐照监督数据是建立辐照监督数据库和辐照脆化预测模型的基础，国外在辐照数据方面的积累主要依赖于工业界开展的实验堆辐照试验和核电厂定期抽取的辐照监督管数据。国内外核电厂通过执行 ASTM E185 标准，在设计和建造阶段建立了辐照监督大纲，辐照监督数据主要通过运行阶段核电厂抽取辐照监督管并开展力学试验获得。

6.1 辐照监督法规标准

辐照监督大纲设置的目的在于获得反应堆压力容器堆芯环带区材料辐照后的力学性能、脆化程度，验证压力容器参考无延性转变温度的变化与设计阶段预测的一致性，并为确定在役阶段压力容器水压试验的试验温度、压力容器升温及降温阶段的压力－温度运行限值曲线等数据提供依据。

ASTM E185-82 是 10 CFR 50 附录 H 认可的版本适用范围为轻水堆反应堆容器内壁表面寿期末预期中子注量超过 10^{17} n/cm^2，其中规定了辐照监督管内的材料必须取自制造 RPV 所用的原材料，包括母材和焊缝（热影响区 HAZ，最新版标准中不作要求）。辐照监督管的放置应能尽可能使辐照监督材料经历与 RPV 材料相同的中子能谱、温度以及最大中子注量，辐照后材料的强度升高和韧性下降通过拉伸试样和冲击试样表征。

ASTM E 185-82 规定了监督管试样的取样位置和数量要求。

1）试样取向和位置

代表母材和热影响区的拉伸和夏比冲击试样应从四分之一壁厚处取样。板材二分之一壁厚处不能作为试样。代表焊缝的试样可以从任意厚度位置取样，除焊根和表面以内 12.7 mm 厚度范围以外。母材的拉伸和夏比冲击试样方向选取应如 ASME-Ⅲ 中所述使试样主轴方向平行于表面且垂直于板材主轧制方向或垂直于锻件的主锻造方向。母材和焊缝夏比冲击试样缺口轴线方向应垂直于材料表面，焊缝拉伸试样方向可与夏比冲击试样相同，标距段全部为焊缝金属。对于热影响区试样，整个缺口均位于热影响区内，热影响区夏比冲击试样缺口根部距离融合线 0.8 mm，缺口轴线应垂直于表面并尽量靠近表面。推荐的焊缝金属和热影响区试样方向如图 6-1 所示。

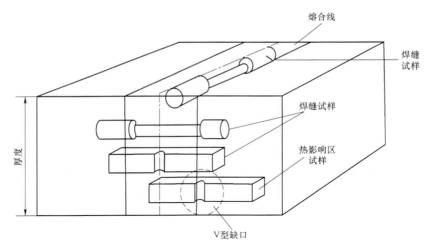

图 6-1　焊缝金属和热影响区试样方向示意图

2）试样数量

反应堆压力容器堆芯段辐照监督试样数量如表 6-1 所示。

表 6-1　辐照监督试样类型与数量

材料		夏比试样	拉伸
未辐照 基准试样	母材	18（15 个用于建立转变温度曲线、3 个保存用于补充数据例如数据过于分散的情况）	3
	焊缝	18（15 个用于建立转变温度曲线、3 个保存用于补充数据例如数据过于分散的情况）	3
	热影响区	18（15 个用于建立转变温度曲线、3 个保存用于补充数据例如数据过于分散的情况）	\
辐照试样 （每个监督管）	母材	12	3
	焊缝	12	3
	热影响区	12	\

ASTM E 185-82 中给出了试样监督管位置和数量、抽取计划的规定。

1）监督管位置

监督管应放置在容器内，试样辐照历史尽量接近反应堆容器，监督管超前因子（试样位置瞬时中子注量率与反应堆容器内壁最大中子注量率计算值的比值），推荐值为1～3。

2）监督管数量和抽取计划

确定监督管数量的基础是预期韧脆转变温度的升高速率，上平台能量的降低速率可能也是考虑的因素。抽取时间安排在最近的换料周期，见表 6-2。

表 6-2　辐照监督管抽取计划

容器内表面预期转变温度增量		≤56 ℃	56～111 ℃	>111 ℃
监督管最少数量		3	4	5
抽取顺序	第一	6A	3A	1.5A
	第二	15B	6C	3D
	第三	EOLE	15B	6C
	第四		EOLE	15B
	第五			EOLE

注释详见 ASTM E185-82

ASTM E185-82 中给出了辐照监督数据的评价要求。辐照后的监督管主要提取中子注量和韧脆转变温度变化量两个数值。同时，也要关注辐照温度是否在预期范围内，或者在设计时采用的韧脆转变计算公式适用条件范围内。中子注量数值通过分析中子探测器获取，韧脆转变温度变化量通过辐照试样与未辐照试样冲击实验数据获得。

ASTM E185-02 主要适用于 60 年设计寿期核电厂的压力容器辐照监督，该标准给出的固定的抽取计划见表 6-3。

表 6-3　美国 ASTM E185-02 建议的辐照监督组件抽取方案

抽取顺序	目标注量	优先级
第一	5×10^{18} n/cm²(5×10^{22} n/m²)，$E>1$ MeV	2（要求适用$\Delta RT_{NDT}>56$ ℃）
第二	$\frac{1}{4}$ 壁厚处寿期末注量	1（要求适用所有材料）
第三	内壁寿期末注量	1（要求适用所有材料）
第四	（$\frac{1}{4}$ 壁厚处寿期末注量 - 抽取的第一根管注量）/2	3（要求适用$\Delta RT_{NDT}>111$ ℃）
后续	补充评价	无要求

ASTM E185-02 标准设定了三种情况进行抽取：

（1）如果预计寿期末辐照引起的脆化量非常小（$\Delta RT_{NDT} \leq 56$ ℃），那么只需要在全寿期内只需要抽取两次辐照监督组件。当监督组件的累积快中子注量水平达到 1/4T 壁厚处寿期末峰值注量时，进行一次监督组件抽取；当监督组件的累积快中子注量水平达到寿期末 RPV 峰值注量水平时，再进行一次监督组件抽取。

（2）如果预计寿期末辐照引起的脆化量ΔRT_{NDT} 介于 56 ℃与 111 ℃之间（56 ℃<$\Delta RT_{NDT} \leq 111$ ℃），那么只需要在全寿期内需要抽取三次辐照监督组件。当监督组件的累积快中子注量水平达到 5×10^{18} n/cm² 时，进行一次监督组件抽取；其余两次抽取的时间

与上文情况（1）的抽取时间一致。

（3）如果预计寿期末辐照引起的脆化量ΔRT_{NDT}非常大（$\Delta RT_{NDT} > 111$ ℃），那么需要抽取监督组件 4 次。首先，按照上述情况（2）所述三个抽取时间上分别进行第 1、3、4 次抽取，新增的第 2 次抽取时间上介于第 1、3 次抽取之间。

ASTM E185-02 中给出的辐照监督组件的抽取方案，重视对寿期末辐照脆化的监督，首先拟定了寿期末的监督计划，其次在考虑到辐照脆化可能超预期的情况下额外安排在服役早期进行监督。

美国早期建造电厂大量参考了 ASTM 185-73。相比 82 版，1973 版的 E185 规程对于辐照监督试样数量及种类的设定、监督管抽取计划存在一定差异。E185-73 根据寿期末辐照转变温度、中子注量将辐照监督试样设定分为两种情况，即（1）辐照转变温度 ≤100 ℉（37.8 ℃）或中子注量 $\leq 5 \times 10^{18}$ n/cm²；（2）辐照转变温度 >100 ℉（37.8 ℃）或中子注量 $> 5 \times 10^{18}$ n/cm²。每个辐照监督管的试样设置见表 6-4。

表 6-4　ASTM 185-73 版辐照监督试样类型与数量

材料		夏比试样	拉伸（1）	拉伸（2）
辐照试样 （每个监督管）	母材	12	\	2
	焊缝	12	\	2
	热影响区	12	\	\

6.2　美国辐照监督管试验

核电厂根据辐照监督大纲中辐照监督管抽取计划，在临近的换料大修期间抽取辐照监督管并开展试样力学试验，验证材料辐照脆化情况是否能被设计阶段预测情况包络。本书调研了美国海狸谷核电厂 1 号机组反应堆容器辐照监督管设置、抽取、试样力学试验及其结果，为美国辐照监督数据的获取提供具体案例说明。

根据海狸谷 1 号机组反应堆容器堆芯带状区（高通量区）材料的 X 辐照监督管完成的工作，整理出美国关于辐照监督管相关的要求。概括说来由监督大纲设置、力学试验及辐照数据分析。

6.2.1　辐照监督大纲制定与执行

根据 WCAP-17896《海狸谷 1 号机组辐照监督大纲 X 监督管分析》文献，海狸谷 1

号机组基于 ASTM E185-73 "轻水冷却核动力反应堆压力容器实施监督试验标准实践"，设置了压力容器堆芯区域（高通量区）材料辐照监督大纲。在最初电厂启动前，共有 8 个用于监督海狸谷 1 号机组反应堆容器堆芯区域（高通量区）材料的监督管被插到反应堆容器中。这 8 个监督管放置于热屏和容器壁之间，放置于在不同的方位角。见图 6-2。

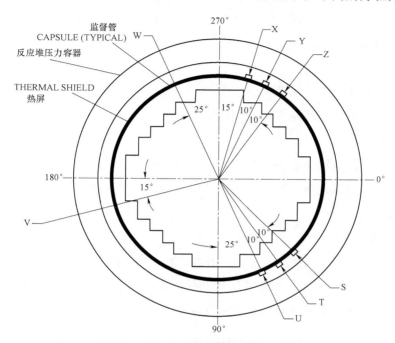

图 6-2　海狸谷 1 号机组反应堆容器辐射监督管初始布置

监督管位于方位角 45°，55°，65°，165°，245°，285°，295°，305°。不锈钢试样监督管尺寸 1.403 英寸×1.128 英寸，高约 40 英寸。容器沿轴向放置，这样试样在堆中平面的中心，散布在 12 英尺高堆芯的中心 3.33 英尺范围内。

监督管垂直中心线与堆芯的垂直中心线相对，监督管中包含由如下材料制造的试样：

● 下部壳板 B6903-1（纵向）；

● 下部壳板 B6903-1（横向）；

● 由 Type B-4 焊丝制作的焊缝金属，炉号 305424，采用 Linde Type 1092 焊剂，批号 3889，焊丝与用于实际中间壳体纵向焊缝的完全相同；

● 中间壳板 B6607-1 焊接热影响区（HAZ）材料。

中间壳板获取的试验材料（热处理后形成板材）从距板材的淬火边缘至少一个板厚的距离截取。所有试样都要在试验材料进行模拟焊后消应力热处理后，从位于板 1/4 壁厚处机加成型，中间壳板 B6607-1 和临近中间壳板 B6607-2 从消应力焊接接头截取焊缝和热影响区金属试样。所有热影响区试样都是从中间壳板 B6607-1 焊接热影响区截取。

从下部壳板 B6903-1 得到的夏比 V 型缺口冲击试样按纵向（试样纵轴平行于主加工方向）和横向（试样纵轴垂直于主加工方向）加工成型。堆芯区域焊缝夏比冲击试样从焊缝金属中机加成型：每个夏比试样的长尺寸垂直于焊缝方向。焊缝金属夏比试样的缺口按试样中裂纹沿焊接方向扩展的方向加工。取自下部壳板 B6903-1 的拉伸试样仅横向加工成型。焊缝金属拉伸试样与焊接方向垂直。出自监督焊缝材料的 X 监督管中 4 个 Wedge Opening Loading（WOL）试样与焊接方向垂直加工成型，所有试样按 ASTM E399 作预疲劳裂纹。

所有 8 个监督管均含有纯铁、铜、镍和铝－含 0.15 质量百分比的钴（镉屏蔽及不屏蔽）的剂量计。另外，采用镉屏蔽镎和铀的裂变剂量计被放置在监督管中测量特定中子能量水平的注量。

监督管含有由两个低熔点共晶合金制成的温度监督计，封装在耐热玻璃管中。这些温度监督计用于确定试样在辐照期间经历的最大温度。两个共晶合金温度监督计的组织成分及它们的熔点如下：

2.5%金，97.5%铅 　　　　　　　　　熔点：579 ℉（304 ℃）

1.5%金，1.0%锡，97.5%铅 　　　　　熔点：590 ℉（310 ℃）

辐照监督管抽取计划根据 ASTM E185-82 的要求进行了调整，以满足当前的 NRC 核安全监管要求。表 6-5 是调整后的辐照监督管取出计划。

表 6-5　海狸谷 1 号机组反应堆容器中取出监督管的计划表

监督管	位置	状态	主导因子	取出时有效满功率年	监督管注量
V	165°	取出（EOC1）	1.49	1.2	3.02×10^{18}
U	65°	取出（EOC4）	1.00	3.6	6.20×10^{18}
W	245°	取出（EOC6）	1.04	5.9	9.54×10^{18}
Y	295°	取出（EOC13）	1.15	14.3	2.10×10^{19}
X	285°	取出（EOC22）	1.60	26.6	5.07×10^{19}
S	295°（45°）	在堆中	0.66	取出后重新安装	2.08×10^{19}
T	65°（55°）	在堆中	0.93	取出后重新安装	2.96×10^{19}
Z	165°（305°）	在堆中	1.18	取出后重新安装	3.74×10^{19}

反应堆 1 号机组压力容器 X 监督管在第 22 个循环结束后取出，此时监督管经历了 26.6 个有效满功率年（EFPY），辐照剂量达 5.07×10^{19} n/cm^2（$E > 1.0$ MeV）。在此之前 V、U、W、Y 已根据计划抽取。X 监督管中含有夏比 V 型缺口冲击试样，拉伸试样，WEDGE OPENING LOADING（WOL）断裂力学试样，剂量测量计和温度监督计。X 监督管内的试样放置如图 6-3 所示。

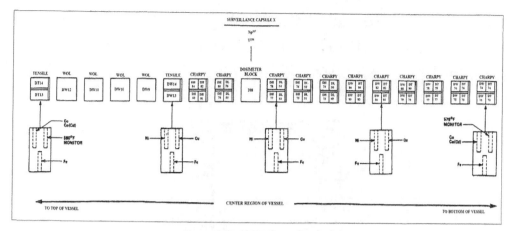

图 6-3　X 监督管中温度监督计和剂量计的示意图

DL—下壳板 B6903-1（纵向）

DT—下壳板 B6903-1（横向）

DW—焊缝材料

DH—热影响区材料

以下针对取出 X 监督管后的相关试验要求和内容进行了介绍，以便解释说明美国核电厂辐照监督数据的处理过程。

6.2.2　试验说明

X 监督管试验项目包括夏比 V 型缺口冲击试验、拉伸试验和 WOL 断裂力学试样试验。夏比 V 型缺口冲击试样和拉伸试样的辐照后力学试验在西屋公司 Excellence Hot Cell Facility 材料中心完成，试验根据 10 CFR 50 附录 H 和 ASTM E185-82 的要求进行。

监督管在 Hot Cell 实验室接收后切割打开，试样和填充块被小心取出，首先检查识别号，并核实主清单，证实所有的物项都在它们适当的位置。检查 579 ℉ 和 590 ℉ 温度监督计均未熔化，证明 X 监督管经历的最高辐照温度不超过 579 ℉。

夏比冲击试验按 ASTM E185-82 和 ASTM E23-12c 的要求，在一台 Tinius-Olsen Model 74 冲击试验机上进行的，夏比冲击机配以 Instron Impulse 仪控系统，仪表根据 ASME E2298-13a 进行了试验和校准。

拉伸试验按 ASTM E185-82 在一台 250 KN instron 丝杠拉伸机（Model 5985）上进行的，如图 6-4 所示。

拉伸试验依据 ASTM E8/E8M-13a 或 ASTM E21-09 进行，载荷通过销联接施加。得到的应变率符合 ASTM E21-09 的要求。

最后给出夏比 V 型缺口冲击能量－温度曲线、夏比 V 型缺口侧膨胀量－温度曲线、夏比 V 型缺口剪切百分比 – 温度曲线，所有夏比 V 型缺口数据均采用双曲正切曲线拟合程序进行绘制成图，并与未辐照试样试验结果进行了对比。同时给出了拉伸试验曲线和拉伸试验结果与未辐照试样试验的结果对比，拉伸试验及其对比结果用于提供信息。

图 6-4　250 KN instron 丝杠拉伸机（Model 5985）

6.2.3　试验结果

　　X 监督管报告中给出了各位置材料辐照监督夏比冲击试验曲线，本书以图 6-5 至图 6-10 为例，给出了海狸谷 1 号机组反应堆容器堆芯区域（高通量区）材料 X 监督管下部壳板 B6903-1（纵向）的相关夏比冲击曲线。图中曲线包括了已提取的 V、U、W、Y 监督管和未辐照试样的相关曲线信息，从这些曲线中可以得出上下平台能量、韧脆转变温度及其辐照导致的偏移量，其中考虑了 $\Delta 30$ ft-lb（ΔT_{41J}）、$\Delta 50$ ft-lb（ΔT_{68J}）、$\Delta T_{0.89\text{ mm}}$ 和 50%剪切比的偏移量。从数据曲线上可以看出，随着寿期内辐照剂量的增加，韧脆转变温度变化量增大，即在辐照脆化其他影响因素一定的情况下，辐照剂量对韧脆转变温度影响较大。

下壳板 B6903-1（纵向）

曲线	机组	监督管	材料	方向	热处理
1	海狸谷 1 号	UNIRR	SA533B1	纵向	C6317-1
2	海狸谷 1 号	V	SA533B1	纵向	C6317-1
3	海狸谷 1 号	U	SA533B1	纵向	C6317-1
4	海狸谷 1 号	W	SA533B1	纵向	C6317-1
5	海狸谷 1 号	Y	SA533B1	纵向	C6317-1
6	海狸谷 1 号	X	SA533B1	纵向	C6317-1

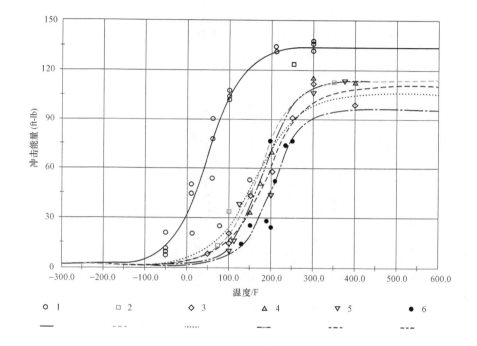

结果

曲线	通量	下平台能量	上平台能量	ΔUSE	T_{41J}	ΔT_{41J}	T_{68J}	ΔT_{68J}
1	2.2	134.0	.0	-2.8	0	28.2	0
2	2.2	114.0	-20.0	125.1	127.9	159.4	131.2
3	2.2	105.0	-29.0	115.5	118.3	158.7	130.5
4	2.2	114.0	-20.0	144.9	147.7	174.1	145.9
5	2.2	110.0	-24.0	138.9	141.7	179.5	151.3
6	2.2	96.0	-38.0	173.0	175.8	204.5	176.3

图 6-5　下部壳体板 B6903-1（纵向）夏比 V 型缺口冲击能量 – 温度曲线

下壳板 B6903-1（横向）

曲线	机组	监督管	材料	方向	热处理
1	海狸谷 1 号	UNIRR	SA533B1	横向	C6317-1
2	海狸谷 1 号	V	SA533B1	横向	C6317-1
3	海狸谷 1 号	U	SA533B1	横向	C6317-1
4	海狸谷 1 号	W	SA533B1	横向	C6317-1
5	海狸谷 1 号	Y	SA533B1	横向	C6317-1
6	海狸谷 1 号	X	SA533B1	横向	C6317-1

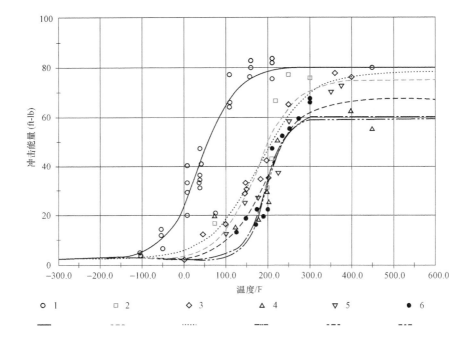

结果

曲线	通量	下平台能量	上平台能量	ΔUSE	T_{41J}	ΔT_{41J}	T_{68J}	ΔT_{68J}
1		2.2	80.0	0	17.9	0	61.3	0
2		2.2	75.0	-5.0	155.9	138.0	206.1	144.8
3		2.2	78.0	-2.0	150.0	132.1	213.6	152.3
4		2.2	59.0	-21.0	198.1	180.2	237.7	176.4
5		2.2	67.0	-13.0	184.8	166.9	239.8	178.5
6		2.2	60.0	-20.0	196.9	179.0	238.8	177.5

图 6-6　下部壳体板 B6903-1（横向）夏比 V 型缺口冲击能量–温度曲线

下壳板 B6903-1（纵向）

曲线	机组	监督管	材料	方向	热处理
1	海狸谷 1 号	UNIRR	SA533B1	纵向	C6317-1
2	海狸谷 1 号	V	SA533B1	纵向	C6317-1
3	海狸谷 1 号	U	SA533B1	纵向	C6317-1
4	海狸谷 1 号	W	SA533B1	纵向	C6317-1
5	海狸谷 1 号	Y	SA533B1	纵向	C6317-1
6	海狸谷 1 号	X	SA533B1	纵向	C6317-1

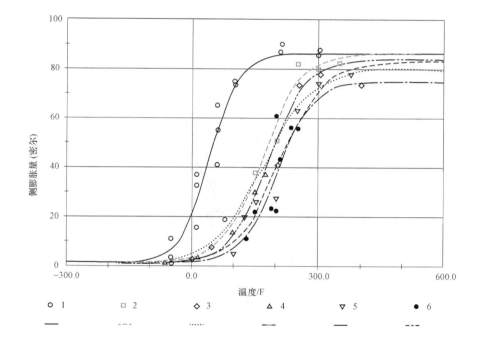

结果

曲线	通量	下平台能量	上平台能量	ΔUSE	T_{48J}	ΔT_{48J}
1	1.0		86.6	.0	25.4	.0
2	1.0		86.8	.2	147.7	122.3
3	1.0		79.8	−6.8	152.7	127.3
4	1.0		83.9	−2.7	163.9	138.5
5	1.0		83.3	−3.3	191.7	166.3
6	1.0		74.9	−11.7	193.3	167.9

图 6-7　下部壳体板 B6903-1（纵向）夏比 V 型缺口侧膨胀量−温度曲线

下壳板 B6903-1（横向）

曲线	机组	监督管	材料	方向	热处理
1	海狸谷 1 号	UNIRR	SA533B1	横向	C6317-1
2	海狸谷 1 号	V	SA533B1	横向	C6317-1
3	海狸谷 1 号	U	SA533B1	横向	C6317-1
4	海狸谷 1 号	W	SA533B1	横向	C6317-1
5	海狸谷 1 号	Y	SA533B1	横向	C6317-1
6	海狸谷 1 号	X	SA533B1	横向	C6317-1

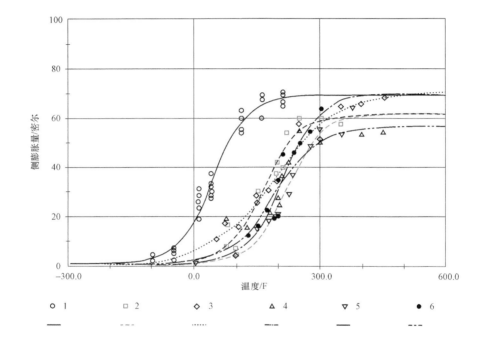

结果

曲线	通量	下平台能量	上平台能量	ΔUSE	T_{48J}	ΔT_{48J}
1		1.0	69.2	.0	43.8	.0
2		1.0	61.1	−8.1	175.4	131.6
3		1.0	70.5	1.3	189.7	145.9
4		1.0	56.2	−13.0	214.7	170.9
5		1.0	61.6	−7.7	230.5	186.7
6		1.0	69.5	.3	211.1	167.3

图 6-8　下部壳体板 B6903-1（横向）夏比 V 型缺口侧膨胀量–温度曲线

下壳板 B6903-1（纵向）

曲线	机组	监督管	材料	方向	热处理
1	海狸谷 1 号	UNIRR	SA533B1	纵向	C6317-1
2	海狸谷 1 号	V	SA533B1	纵向	C6317-1
3	海狸谷 1 号	U	SA533B1	纵向	C6317-1
4	海狸谷 1 号	W	SA533B1	纵向	C6317-1
5	海狸谷 1 号	Y	SA533B1	纵向	C6317-1
6	海狸谷 1 号	X	SA533B1	纵向	C6317-1

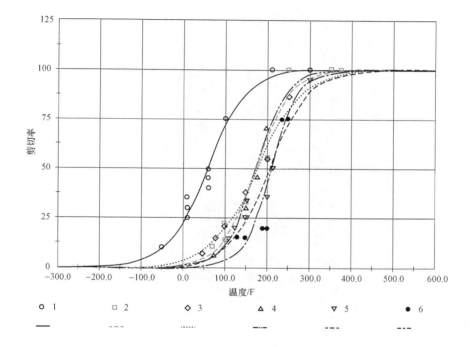

结果

曲线	通量	下平台能量	上平台能量	ΔUSE	T_{68J}	ΔT_{68J}
1		.0	100.0	.0	57.4	.0
2		.0	100.0	.0	173.6	116.2
3		.0	100.0	.0	177.3	119.9
4		.0	100.0	.0	176.5	119.1
5		.0	100.0	.0	206.4	149.0
6		.0	100.0	.0	210.4	153.0

图 6-9　下部壳体板 B6903-1（纵向）夏比 V 型缺口剪切百分比 – 温度曲线

下壳板 B6903-1（横向）

曲线	机组	监督管	材料	方向	热处理
1	海狸谷 1 号	UNIRR	SA533B1	横向	C6317-1
2	海狸谷 1 号	V	SA533B1	横向	C6317-1
3	海狸谷 1 号	U	SA533B1	横向	C6317-1
4	海狸谷 1 号	W	SA533B1	横向	C6317-1
5	海狸谷 1 号	Y	SA533B1	横向	C6317-1
6	海狸谷 1 号	X	SA533B1	横向	C6317-1

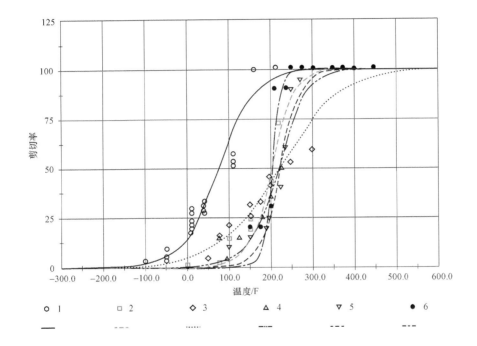

结果

曲线	通量	下平台能量	上平台能量	ΔUSE	T_{68J}	ΔT_{68J}
1		.0	100.0	.0	77.4	.0
2		.0	100.0	.0	202.8	125.4
3		.0	100.0	.0	223.2	145.8
4		.0	100.0	.0	217.7	140.3
5		.0	100.0	.0	222.7	145.3
6		.0	100.0	.0	202.4	125.0

图 6-10　下部壳体板 B6903-1（横向）夏比 V 型缺口剪切百分比 – 温度曲线

表 6-6 给出了 X 监督管其他部位辐照监督试样试验数据总结，可以看出与未辐照试样试验数据相比，辐照导致压力容器各部位材料韧脆转变温度均有较大的变化。

表 6-6 夏比 V 型缺口韧性在 5.07×10^{19} n/cm² （E＞1.0 MeV）注量下的辐照效应

材料	30 ft-lb 转变温度均值 /°F			35 密尔侧膨胀量温度均值 /°F			50 ft-lb 转变温度均值 /°F		
	未辐照	辐照	ΔT	未辐照	辐照	ΔT	未辐照	辐照	ΔT
下壳板 B6903-1 （纵向）	−2.8	173.0	175.8	25.4	193.3	167.9	28.2	204.5	176.3
下壳板 B6903-1 （横向）	17.9	196.9	179.0	43.8	211.1	167.3	61.3	238.8	177.5
焊缝材料	−66.5	171.3	237.8	−48.7	203.7	252.4	−43.8	218.2	262.0
热影响区材料	−68.6	19.1	87.7	−31.0	82.0	113.0	−40.3	63.9	104.2

表 6-7 给出了各辐照监督管各辐照监督位置试样的韧脆转变温度和上平台能量偏移量实测值与 RG 1.99 第 2 版预测值的比较。从表中可以看出，由于 RG 1.99-2 预测公式为中值曲线，预测值并不能包络实测值。

表 6-7 转变温度升高和上平台能量减少与 RG 1.99 第 2 版预测值的比较总结

材料	监督管	通量 （×10¹⁹ n/cm², E＞1.0 MeV）	30 ft-lb 转变温度变化		上平台能量减少	
			预测 /°F	预量 /°F	预测 /°F	预量 /°F
下壳板 B6903-1 （纵向）	V	0.302	98.9	127.9	23	15
	U	0.620	127.5	118.3	27	22
	W	0.954	145.3	147.7	30	15
	Y	2.10	176.9	141.7	36	18
	X	5.07	206.8	175.8	44	—(c)
下壳板 B6903-1 （横向）	V	0.302	98.9	138.0	23	6
	U	0.620	127.5	132.1	27	3
	W	0.954	145.3	180.2	30	26
	Y	2.10	176.9	166.9	36	16
	X	5.07	206.8	179.0	44	25

续表

材料	监督管	通量 ($\times 10^{19}$ n/cm², E>1.0 MeV)	30 ft-lb 转变温度变化		上平台能量减少	
			预测 /℉	预量 /℉	预测 /℉	预量 /℉
焊缝材料	V	0.302	122.0	159.8	31	25
	U	0.620	157.3	164.9	36	25
	W	0.954	179.2	186.3	40	29
	Y	2.10	218.3	178.5	47	31
	X	5.07	255.2	237.8	54	34
热影响区材料	V	0.30	—	−14.3	—	10
	U	0.620	—	43.9	—	13
	W	0.954	—	55.6	—	10
	Y	2.10	—	16.1	—	12
	X	5.07	—	87.7	—	10

注：

（a）基于 RG 1.99（第二版）的方法监测材料中铜和镍的平均重量百分比。

（b）使用 CVGraph 5.3 版计算测量的夏比数据。

（c）该值在试验过程中未确定

图 6-11 至图 6-14 给出了辐照监督拉伸试验与未辐照试样结果的对比，可以看出辐照导致强度增加，而导致延性降低。

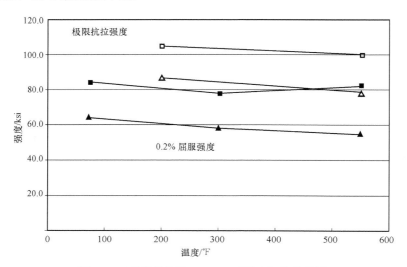

图 6-11 下部壳体板 B6903-1（横向）拉伸特性

图例：▲和●和■表示未辐照数据

△和○和□代表受 5.07×10¹⁹ n/cm²（E>1.0 MeV）辐照的数据

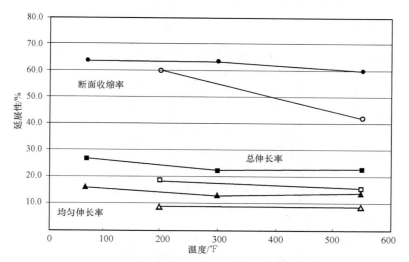

图 6-11　下部壳体板 B6903-1（横向）拉伸特性（续）

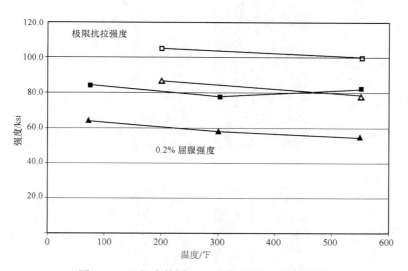

图 6-12　下部壳体板 B6903-1（纵向）拉伸特性
图例：▲和●和■表示未辐照数据
△和○和□代表受 5.07×10^{19} n/cm^2（$E > 1.0$ MeV）辐照的数据

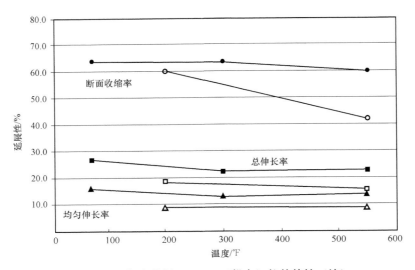

图 6-12　下部壳体板 B6903-1（纵向）拉伸特性（续）

| DL49, 130 ℉ | DL54, 150 ℉ | DL52, 190 ℉ | DL51, 200 ℉ |

| DL55, 200 ℉ | DL53, 210 ℉ | DL50, 235 ℉ | DL56, 250 ℉ |

图 6-13　下部壳体板 B6903-1（纵向）夏比冲击试样断裂表面

DT80，130 ℉   DT73，150 ℉   DT78，175 ℉   DT82，175 ℉

DT83，190 ℉   DT77，200 ℉   DT81，200 ℉   DT84，210 ℉

DT74，235 ℉   DT79，250 ℉   DT76，275 ℉   DT75，300 ℉

图 6-14　下部壳体板 B6903-1（横向）夏比冲击试样断裂表面

6.2.4　放射性分析和中子剂量测定

　　X 监督管试验报告中描述了海狸谷 1 号机组进行的离散输运分析，以确定反应堆压力容器和监督管内的中子辐照环境。分析中采用的快中子注量（$E > 1.0\ \text{MeV}$）和铁原子离位（dpa）表示的快中子辐照参数是建立在一个电厂和特定燃料循环基础上的。本节提供了来自 X 监督管（在 22 个电厂运行周期末取出）的剂量测定传感器的评价。另外，为提供适用于海狸谷 1 号机组反应堆最新的数据库，来自较早取出的监督管（V，U，W 和 Y）传感器组也列于报告中。表 6-8 提供了 X 监督管的测量传感器活度和反应速率。

表 6-8　监督管的测量传感器活度和反应速率

反应	位置	测量活度/（dps/g）	饱和活度/（dps/g）	反应速率/（rps/atom）
$^{63}\text{Cu}(n,\alpha)^{60}\text{Co}$	中上	2.18×10^5	2.75×10^5	4.19×10^{-17}
	中部	2.31×10^5	2.91×10^5	4.44×10^{-17}
	中下	2.20×10^5	2.77×10^5	4.23×10^{-17}
	平均			4.28×10^{-17}
$^{54}\text{Fe}(n,p)^{54}\text{Mn}$	顶部	1.53×10^6	2.67×10^6	4.23×10^{-15}
	中上	1.46×10^6	2.54×10^6	4.04×10^{-15}
	中部	1.59×10^6	2.77×10^6	4.39×10^{-15}
	中下	1.55×10^6	2.70×10^6	4.28×10^{-15}
	底部	1.64×10^6	2.86×10^6	4.53×10^{-15}
	平均			4.30×10^{-15}
$^{58}\text{Ni}(n,p)^{58}\text{Co}$	中上	5.73×10^6	4.36×10^7	6.24×10^{-15}
	中部	6.10×10^6	4.64×10^7	6.64×10^{-15}
	中下	5.87×10^6	4.46×10^7	6.39×10^{-15}
	平均			6.42×10^{-15}
$^{238}\text{U}(n,f)^{137}\text{Cs(Cd)}$	中部	1.87×10^6	4.47×10^6	2.94×10^{-14}
	包含裂变探测器			1.99×10^{-14}
$^{237}\text{Np}(n,f)^{137}\text{Cs(Cd)}$	中部	1.09×10^7	2.61×10^7	1.66×10^{-13}
	包含裂变探测器			1.63×10^{-13}
$^{50}\text{Co}(n,\gamma)^{60}\text{Co}$	顶部	2.82×10^7	3.55×10^7	2.32×10^{-12}
	顶部	3.01×10^7	3.79×10^7	2.48×10^{-12}
	平均			2.40×10^{-12}
$^{59}\text{Co}(n,\gamma)^{60}\text{Co(Cd)}$	顶部	1.84×10^7	2.80×10^7	1.83×10^{-12}
	顶部	1.24×10^7	1.89×10^7	1.23×10^{-12}
	平均			1.53×10^{-12}

Notes：
（a）测量的具体活动按 2014.4.1 索引.
（b）反应速率参照循环 1-22 的平均速率（反应堆额定功率 2 718 MWt）

通过直接与测量传感器反应率比较以及为每个监督管剂量测量组进行最小二乘法评估来验证计算中子注量。表 6-9 提供 X 监督管的反应率测量－计算结果的直接比较。为了保持完整性，WCAP-17896 中给出了所有移去的监督管测量剂量评价，基于直接的和最小二乘法的比较，都记录在附录 A 中。

表 6-9　X 监督管中子注量测量值与计算值比较结果

反应	反应速率（rps/atom）		M/C
	测量（M）	计算（C）	
$^{63}Cu(n,\alpha)^{60}Co$	4.28E-17	4.39E-17	0.98
$^{54}Fe(n,p)^{54}Mn$	4.29E-15	4.62E-15	0.93
$^{58}Ni(n,p)^{58}Co$	6.42E-15	6.31E-15	1.02
$^{238}U(Cd)(n,f)^{137}Cs$	1.99E-14	2.16E-14	0.92
$^{237}Np(Cd)(n,f)^{137}Cs$	1.63E-13	1.58E-13	1.03
		平均：	0.98
		标准偏差%：	5.2

从表 6-9 中可以看出，X 监督管阈值反应的反应率测量与计算值比（M/C）率在 0.92 到 1.03 之间变化，平均 M/C 是 0.98±5.2%（1σ）。此直接比较很好地落入 RG 1.190 规定的±20%范围；此外，它与 WCAP-17896 附录 A 给出的从海狸谷 1 号机组取出的所有剂量测量传感器进行的全部组的比较相一致。这些比较证实了现行分析结果，因此这些计算被认为适用于海狸谷 1 号机组，被证实有效的计算随后用于预测海狸谷 1 号机组反应堆压力容器运行期限延期到 60EFPY 的中子辐照情况。

6.3　法国辐照监督管试验

法国开展辐照监督主要根据 1974 年 2 月 26 日关于轻水反应堆压力容器的政府法令，法国电力公司（EDF）对法国运行核电厂的辐照效应进行了监督。

1967 年至 1989 年，法国有 49 座压水堆核电机组投入运行，其中 Chooz A 是法国第一座（1967 年）核电站，为 300 MWe 核电机组，其他均为 900 MWe 核电机组。这些核电机组均设置了辐照监督大纲，以验证压力容器运行阶段辐照脆化性能。

6.3.1　辐照监督大纲

对于每个机组，法国辐照监督大纲均规定了监测以下材料的辐照行为。

（1）母材金属：压力容器堆芯壳体锻造低合金钢 16MND5，类似于美国 SA508 CL3，试样取自堆芯壳体延长段，从内部四分之一厚度处截取。

（2）焊接接头金属：焊接采用与堆芯壳体焊缝相同的焊丝-焊剂组合和焊接条件进行，焊缝试样距离根部 12.7 mm 处截取。

（3）热影响区（HAZ）对应于所选壳体的材金属。

（4）参考金属试样：200 毫米厚的低合金钢板（对 900 MWe 机组，等同于 SA533B 级 1 级，对于 Chooz A，等同于 SA302 B 级板）。

对于每个电站机组，监督大纲包含 6 到 10 个含有试样的监督管。图 6-15 以电厂示例形式给出了 Bugey4 电厂辐照监督管试样设置和抽取计划。需要注意的是，法国不同电厂试样设置和抽取是不尽相同的。

监督管	暴露时长，年	等效时长，年	夏比冲击试样数量			
			母材	焊缝	热影响区	参考材料
S	1.5	2.2	12Cv 3T 4WOL	12Cv	12Cv	12Cv
Z	9	8.1	36Cv 3T 4WOL	…	12Cv	…
T	10	14.1	12Cv 3T 4WOL	12Cv	12Cv	12Cv
V	20	29.6	12Cv	12Cv 3T 4WOL	12Cv	12Cv
U	25	24.4	24Cv 3T 4WOL	12Cv	12Cv	…
W	30	39	12Cv 3T 4WOL	12Cv	12Cv	12Cv
Y	40	…	36Cv 3T 4WOL	…	12Cv	…
X	40	…	24Cv	12Cv 3T 4WOL	12Cv	…

a Cv = 夏比 V,T = 拉伸, and WOL = 楔形开孔载荷

图 6-15 法国 Bugey4 核电厂辐照监督管设置

图 6-16 以电厂示例形式给出了辐照监督管中不同类型的试样和取样方向。

机组	试样	母材	焊缝	热影响区	参考材料
CHOOZ A	夏比 V 型缺口	LT	TL	TS	LT
FESSENHEIH 1-2 BUGEY 2-3	夏比 V 型缺口	LT	TL	TS	LT
	拉伸	L	L	—	—
	WOL	LT	TL	—	—
BUGEY 4-5 900 MW STANDARDIZED	夏比 V 型缺口	TL	TL	TL	LT
	拉伸	L	L	—	—
	WOL or CT	TL	TL	—	—

图 6-16 辐照监督大纲试样取样方向

在温度监测方面，核电厂在 Chooz A 辐照温度从 257 ℃增加到 265 ℃，监督大纲中没有对温度探测器进行规定。对于 900 MWe 机组，其辐照温度为 286 ℃，每个监督管包含三个温度探测器，由其中两个熔点为 304 ℃的合金和第三个的熔点为 310 ℃的合金组成。

在中子剂量监测方面，900 MWe 机组设置了中子活化剂量计和裂变中子探测剂。图 6-17 给出了法国机组中子剂量计设置示例。

探测器类型	反应	Chooz A	Fessenheim Bugey	900-MW Standardized
铁	$^{54}Fe(n,p)^{54}Mn$	...	...	X
镍	$^{58}Ni(n,p)^{58}Co$	...	X	X
铜	$^{63}Cu(n,\alpha)^{60}Co$	X	X	X
钴	$^{59}Co(n,\gamma)^{60}Co$	...	X	X
钴-镉	$^{59}Co(n,\gamma)^{60}Co$	...	...	X
铀	$^{238}U(n,f)^{137}Cs$	...	X	X
镎	$^{237}Np(n,f)^{137}Cs$	...	X	X

图 6-17　法国机组中子剂量计设置示例

这些剂量计用于更准确的验证设计阶段中子注量计算结果，当实测结果高于设计阶段中子注量计算值 20%时，则要修正计算结果。

6.3.2　监督试验

试验要求分析冲击和拉伸试验试样数据，对断裂力学试验暂无要求，这需等待对小试样分析程序的制定。夏比 V 型缺口试样的冲击试验根据法国标准（AFNOR）在夏比摆锤装置上进行。冲击强度和横向膨胀量曲线通过统计方法绘制为双曲正切函数，并确定以下特征：

（1）TK7——对应于 7 daJcm^{-2}（56J）的断裂能量的温度；

（2）T0.9——对应于 0.9 mm 的侧膨胀量的温度；

（3）FATT50——对应于试样横截面上 50%脆性断裂的温度。

辐照后，TK7 和 T0.9 值的最高变化定为转变温度偏移量，将其视为等于 ΔRT_{NDT} 值。

7 国外辐照监督数据收集和分析

通过对相关文献进行调研，包括《Effects of Radiation on Materials》的第 17、18、19 届国际会议文集，《Radiation Embrittlement of Nuclear Reactor Pressure Vessel Steels：An International Review》以及《Journal of Nuclear Materials》等文献期刊，整理出辐照监督数据大约 1 200 个。这些监督数据主要是美国和法国核电厂的辐照监督数据。其中美国的辐照监督数据主要出自数据库 PR-EDB，约 1 100 余个，而法国的辐照监督数据主要是法国 900 MW 核电站的辐照监督管试验结果[65]，约 100 多个。

收集的美国辐照监督数据见附表 1 和附表 2；收集的法国核电厂辐照监督附表 3。文献中美国辐照监督数据包含了基本信息和数据信息，包括监督数据的出处（核电站）、RPV 材料的牌号、监督材料的制造工艺（锻件、板材、焊缝、参考档案材料）、监督样品的取样方向、中子注量率、中子注量、辐照温度、初始 RT_{NDT}、初始上平台能量 USE、ΔRT_{NDT}、ΔUSE 和监督试样化学成分（Cu、Ni、P、Si 和 Mn 等）。法国的辐照监督数据包括出处（核电站）、RPV 材料的牌号、监督管编号、监督材料的制造工艺（锻件 F、焊缝 W）、辐照温度、中子注量、初始 RT_{NDT}、初始上平台能量 USE、ΔRT_{NDT}、ΔUSE 和监督试样化学成分（Cu、Ni、P、Si 和 Mn 等）。对于数据表中标示为 NA 的内容，表示该部分数据为缺失，但这部分缺失的内容并不影响监督数据的有效性。

7.1 美国辐照监督数据分析

本次收集的有效美国的辐照监督数据约 1 150 余个，主要包括 A302B、A533B、A508-2 和 A508-3 等数据，A302B 和 A533B 主要为早期 RPV 采用的板材材料，A508-2 和 A508-3 主要为后期发展起来的锻件材料。由于我国 RPV 堆芯筒体材料主要采用了法系 16MND5 锻件和 A508-3 钢锻件，A508-3 是在 A508-2 的基础上降低了 C、Cr、Mo 等碳化物形成元素的含量，使基体堆焊不锈钢堆焊层时减少再热裂纹敏感性，因此美国 A508-2 和 A508-3 辐照监督数据对我国研究辐照监督研究更有意义，A302B 和 A533B 辐照监督数据可用于国外早起辐照脆化预测模型的研究。

以下主要对 A508-2 和 A508-3 进行数据分布特性分析，主要分析内容辐照脆化主要影响因素 Cu、P、Ni、Mn、Si 元素和中子注量等。其中趋势线主要为提供整体直观特征。

7.1.1 技术规格书化学成分

表 7-1 给出了 SA508-2 和 SA508-3 采购技术规格书化学成分要求。

表 7-1 SA508 合金钢化学成分要求对比

成分	SA508-3		SA508-2
	浇包分析/%	产品分析/%	产品分析/%
碳	≤0.25	≤0.25	≤0.27
锰	1.20～1.50	1.20～1.50	0.5～1.0
磷	≤0.025	≤0.025	≤0.025
硫	≤0.025	≤0.025	≤0.025
硅	0.15～0.40	0.15～0.40	0.15～0.40
镍	0.40～1.00	0.40～1.00	0.50～1.00
铬	≤0.25	≤0.25	0.25～0.45
钼	0.45～0.60	0.45～0.60	0.50～0.70
钒	≤0.05	≤0.05	≤0.05
铌	≤0.01	≤0.01	≤0.01
铜	≤0.20	≤0.20	≤0.20
钙	≤0.015	≤0.015	≤0.015
硼	≤0.003	≤0.003	
最大钛	0.015	0.015	
最大铝	0.025	0.025	

7.1.2 辐照数据分析

A508-2 和 A508-3 锻件 Cu%覆盖范围 0.01%～0.42%，主要分布在 0.04%～0.156%，整体表现上随着 Cu%含量的升高，韧脆转变温度呈上升趋势。ASME 第 Ⅱ 卷中 A508-2 和 A508-3 中对 Cu 元素未给出含量限值要求，主要是通过设计者制定的材料技术要求控制，因此 Cu 含量整体分布范围较广，含量较高。

Ni 元素为合金元素，在初始添加中可以提高钢的淬透性，但在辐照条件下，又提高了钢的辐照脆化倾向。Ni 含量平均分布在 0.56%～0.86%，对辐照性能影响无明显趋势，见图 7-2，这与 Ni 元素分布较为集中，且脆化性能受其他辐照脆化条件影响所致。

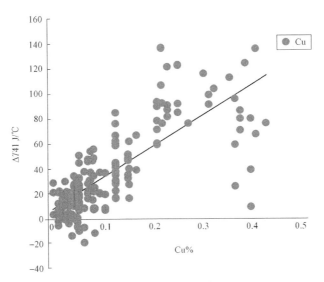

图 7-1　A508-2 和 A508-3 辐照数据 Cu 含量分布

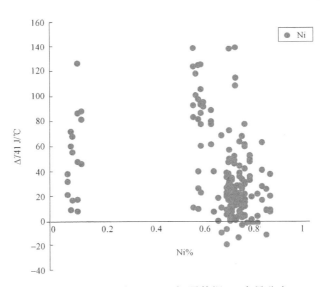

图 7-2　A508-2 和 A508-3 辐照数据 Ni 含量分布

　　P 为杂质元素，在合金中会影响钢的焊接性能，降低钢的塑性和韧性，在冶炼过程中要控制 P 元素含量。A508-2 和 508-3 辐照数据中，P 元素分布如图 7-3 所示，P 元素平均分布在 0.005%～0.021%。

　　Si 元素和 Mn 元素为合金元素，Si 提高钢的淬透性和抗回火性，对钢的综合力学性能有利；Mn 在适量下，锰量增加可增加钢的强度及硬度。锰有脱氧及脱硫功效（形成

MnS），防止热脆，故锰能改善钢的锻造性与可塑性。在一些先进的检测技术下（三维原子探针分析技术），观测到富 Cu 沉淀的析出，往往伴随着 Ni、Mn、Si 等合金元素析出。A508-2 和 508-3 辐照数据中，Si 和 Mn 元素含量分布见图 7-4 和图 7-5。

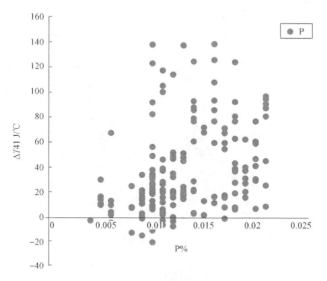

图 7-3　A508-2 和 A508-3 辐照数据 P 含量分布

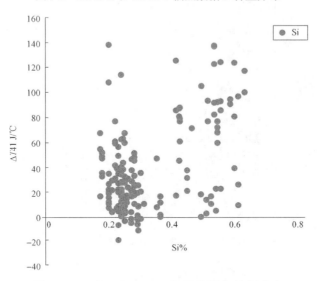

图 7-4　A508-2 和 A508-3 辐照数据 Si 含量分布

　　快中子注量是影响辐照脆化的重要因素，目前几乎所有的辐照脆化预测模型都考虑了中子注量的影响。A508-2 和 508-3 辐照数据中，快中子注量主要分布在低注量区（见图 7-6），均小于 5.0×10^{19} n/cm² 。随着中子注量增加，数据分布减少。因为中子注量是一种累积效应，高中子注量数据目前相对较少，目前的主要辐照脆化预测模型也缺少高注量辐照数据的修正，无法支撑长寿期运行需求。

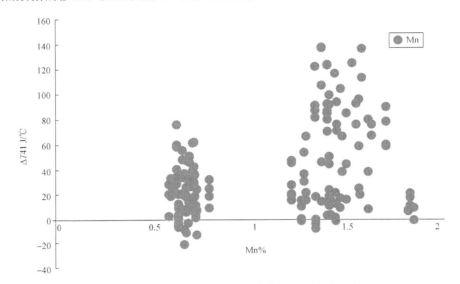

图 7-5　A508-2 和 A508-3 辐照数据 Mn 含量分布

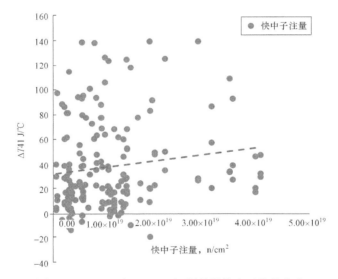

图 7-6　A508-2 和 A508-3 辐照数据快中子注量分布

7.2　法国辐照监督数据分析

法国核电站 RPV 堆芯筒体均采用了 16MND5 锻件材料，本书收集了法国 31 个 900 MWe 机组的 54 个监督管的有效辐照监督数据和 Chooz A 的 7 个监督管数据，有效数据 120 余个。由于材料牌号一致，本节统一给出了法国 16MND5 材料辐照监督数据的分析。

本节分析内容包括：

（1）辐照温度：法国辐照监督数据包括三个辐照温度，Chooz A 为 255 ℃和 265 ℃，900 MWe 机组辐照温度为 286 ℃。

（2）化学成分：统计了目前主流模型考虑的 Cu、P、Ni 和后续开发模型考虑的 Si 和 Mn 元素。

（3）中子注量：中子注量跟中子注量率密切相关，是中子注量率的时间累积效应。后续开发模型即使考虑中子注量率，也是与时间关联，最终落实到中子注量。

7.2.1 技术规格书化学成分

法国 16MND5 技术要求主要来自 RCC-M M2111 反应堆压力容器环带区筒节用锰-镍-钼合金钢锻件，材料化学成分见表 7-2 所示。

表 7-2 RPV 材料合金成分

16MND5		
元素	浇包分析/%	产品分析/%
C	≤0.20	≤0.22
Mn	1.15～1.55	1.15～1.60
P	≤0.008	≤0.008
S	≤0.008	≤0.008
Si	0.10～0.30	0.10～0.30
Ni	0.50～0.80	0.50～0.80
Cr	≤0.25	≤0.25
Mo	0.45～0.55	0.43～0.57
V	≤0.01	≤0.01
Cu	≤0.08	≤0.08
Al	≤0.04	≤0.04
Co	≤0.03	≤0.03

7.2.2 辐照数据分析

本次收集的 16MND5 辐照监督数据中 Cu、Ni、P、Si 和 Mn 的统计分布情况如图 7-7 至图 7-11 所示，对照表 6-2 可以看出，其中很多化学元素含量超过了现有材料技术规格书的控制要求。具体表现为 Cu 含量呈线性趋势，主要平均分布在 0.03%～0.12%；Ni 含量无明显线性趋势，主要集中分布在 0.55%～0.78%；P 含量无明显线性趋势，主要平均分布在 0.005%～0.009%；Si 含量无明显线性趋势，主要集中分布在 0.16%～0.4%；Mn%含量无明显线性趋势，主要集中分布在 1.23%～1.78%。图 7-12 给出辐照温度分布，由于其他因素的影响，温度对辐照脆化并未表现出明显的规律。图 7-13 给出了中子注量分布，可以看出，中子注量增加，辐照脆化效应明显增加。

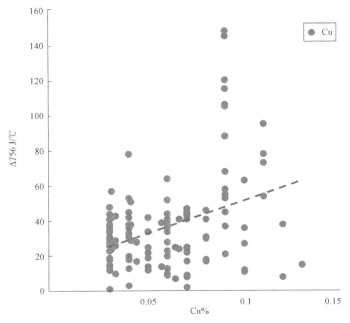

图 7-7　16MND5 辐照数据 Cu 含量分布

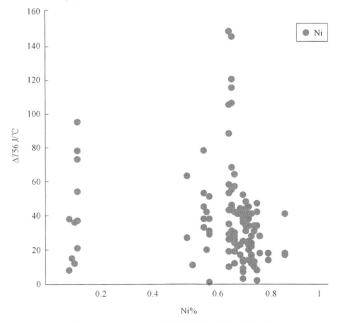

图 7-8　16MND5 辐照数据 Ni 含量分布

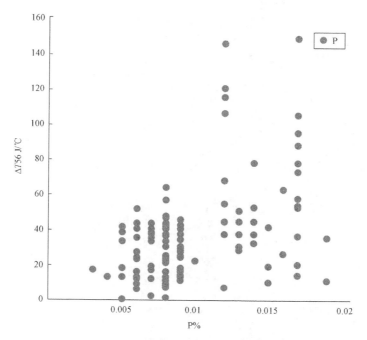

图 7-9　16MND5 辐照数据 P 含量分布

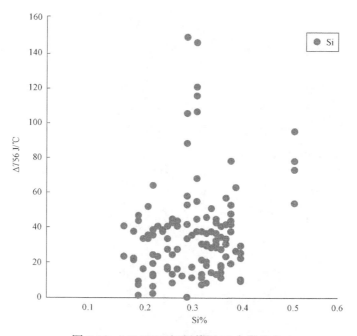

图 7-10　16MND5 辐照数据 Si 含量分布

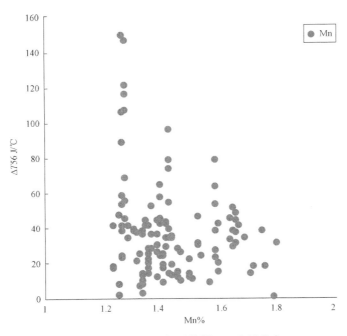

图 7-11　16MND5 辐照数据 Mn 含量分布

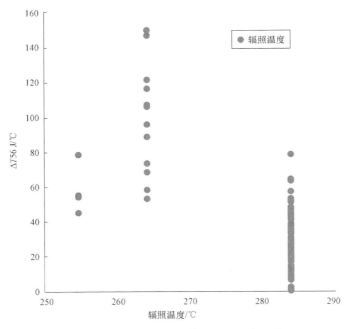

图 7-12　16MND5 辐照数据辐照温度分布

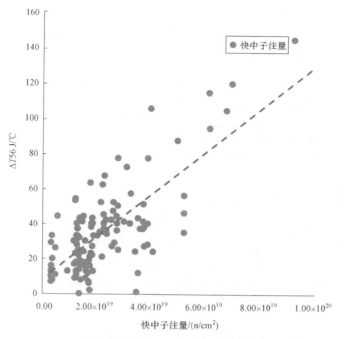

图 7-13　16MND5 辐照数据快中子注量分布（快中子注量呈线性趋势）

7.3　ΔRT_{NDT} 预测可靠性分析

反应堆压力容器的辐照脆化预测涉及材料的化学成分、制造工艺、中子注量率、中子注量、辐照温度等多种因素的影响，因此在模型预测的过程中，除了需要深入了解上述影响因素对脆化机制的贡献还需要通过大量实验数据的可靠性验证。

本书收集了美国和法国的辐照监督数据，本节利用辐照监督数据对模型计算结果进行验证。由于国外辐照监督数据化学成分含量分布较广，并超出了我国压力容器材料的化学成分含量要求，因此本次验证筛选出 Cu、Ni、P 等辐照脆化敏感的百分含量与我国 CPR1000＋RPV 相近的一组法国 900 MW 核电站反应堆压力容器辐照监督数据。将这些数据与预测模型曲线相比较，如图 7-14 所示。

从图中可以看出除了 2 个数据外，FIS 趋势线基本覆盖了所有数据，RG 1.99-2 趋势线最低，大量数据超出了其范围，其余几个模型趋势线相当，难以从图中看出其与数据符合的精确度。

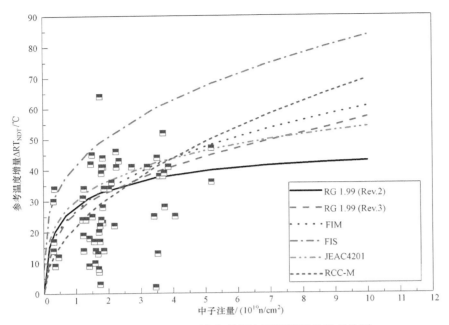

图 7-14　压力容器辐照监督数据与预测模型曲线对比图

8 总 结

本书开展了反应堆压力容器辐照监督法规标准要求研究，包括法规要求、监管要求及标准和规范要求等。美国针对压力容器辐照监督建立了相对完整的辐照监督法规标准体系，法国虽建立了自主的核电建设规范，但在辐照监督领域，仍在很大程度上参考了美国辐照监督体系的下游标准要求。我国在辐照监督领域消化了美国和法国的法规标准要求，制定了部分行业标准，但未建立完整的辐照监督法规标准体系，尤其是在辐照监督下游标准方面（如注量计算方法、测量传感器和试验力学标准等），仍主要参考了美国辐照监督标准，这对我国核电的长远发展是不利的。另外，本书研究了国内外辐照监督大纲及辐照监督试验相关实践，结合国外辐照监督数据特性和我国压力容器材料特征，给出了规范预测模型对我国低铜压力容器的预测可靠性情况。结合上述研究，建议我国核电行业共同努力推进辐照监督管理工作。

8.1 建立全国核电厂压力容器辐照监督平台

国外主要核电国家工业界及其安全监管机构均收集整合了其国内实验堆和商用堆辐照监督数据，建立了权威的辐照监督数据库系统，并用于支持其辐照监督工作。辐照监督数据库已成为辐照监督体系的重要组成部分，而我国缺乏相应的数据收集机制，辐照监督管数据主要掌握在核电厂和相关科研机构手中。由于取得辐照监督数据的技术复杂、辐照周期长和成本高等原因，导致辐照监督数据大多不愿公开，行业内也不共享，这导致了我国在开发辐照监督数据库方面长期处于停滞状态。

随着我国核电机组运行时间的积累，反应堆压力容器辐照监督材料试验数据逐渐增多，已基本具备建立我国独立自主的辐照监督数据库的基础。建立全国统一的反应堆压力容器辐照监督平台，可以帮助各核电厂更好地评估 RPV 辐照脆化状态，为国内核电从业者开展自主研究与创新工作平台，对保障我国核电机组长期、稳定、安全运行至关重要。

8.2 开发国内权威辐照脆化预测方法

我国目前缺少权威的辐照脆化预测模型，目前核电设计和运行中使用的均为国外开发的模型，而预测模型的适用性与可靠性取决于本国 RPV 材料特性、运行特性、辐照监督数据的丰厚积累和辐照脆化机理的深入理解。立足于国内核电厂压力容器辐照监督数据平台，基于辐照脆化最新机理研究成果，借鉴国外 ΔRT_{NDT} 预测模型建立方法、思路和经验，并结合国内各科研单位对预测模型现有的研究成果，从 RPV 材料辐照脆化机理出发建立适用于国产 RPV 材料辐照后的 RT_{NDT} 预测模型，为我国核电运行安全提供技术保障，对支持我国核电走出去战略具有重要意义。

8.3　建立健全 RPV 辐照监督标准

我国核工业界虽然建立了部分压力容器辐照监督标准，但体系标准仍不健全，在核电厂辐照监督领域基本仍使用国外标准，这一方面是因为我国辐照监督标准体系建设方面欠缺，在制定辐照监督标准时缺乏相对应的基础研究，在标准内容上基本照搬了国外辐照监督标准内容，创新性不足。在标准使用方面缺少对应的认可制度和推动机制，核电从业者和监管机构习惯于国外标准的使用，缺少使用国产标准的动力。

健全国内辐照监督标准体系，建立推动辐照监督标准的应用制度，已成为当务之急。现阶段，应首先搭建完整的辐照监督体系框架，借助核电辐照监督领域从业者力量，推动安全监管部门积极参与，共同建立完善的适用于我国的权威辐照监督标准体系。

8.4　积极推进新技术、新方法的应用研究

压力容器是核电厂最关键设备，可以说压力容器寿命直接决定了核电厂寿命。国外核电厂建造时间较早，目前已陆续进入延续运行阶段。在 RPV 辐照监督领域，不断涌现出了辐照监督新技术和新方法，如试样重组技术、压力容器退火技术、堆外中子测量技术和主曲线方法等，这些技术和方法有效支持了长寿期运行安全论证。我国核电业界应立足长远，尽早开展辐照监督新技术、新方法的基础研究，形成有效的技术储备，进而支撑我国核电长寿期运行安全。

参考文献

［1］郁金南. 材料辐照效应［M］. 北京：化学工业出版社，2007.

［2］伍晓勇. 国产 A508-3 钢中子辐照脆化效应研究［D］. 四川大学，2005.

［3］佟振峰，林虎，宁广胜，等. 低铜合金反应堆压力容器钢辐照脆化预测评估模型［J］. 原子能科学技术，2009，43（增刊）：103-108.

［4］Soneda N. Multiscale computer simulations and predictive modeling of RPV embrittlement［J］. Materials for generation IV Nuclear reactors (MATGEN-IV), 2007：104-111.

［5］Miller M K, Russell K F, Sokolov M A,et al. APT characterization of irradiated high nickel RPV steels［J］. Journal of nuclear materials, 2007, 361(2-3): 248-261.

［6］肖冰山. 反应堆压力容器辐照监督的研究［D］. 上海：上海交通大学，2008.

［7］NRC. Effects of residual elements on predicted radiation damage to reactor vessels materials: regulatory guide 1.99, revision 1［S］. Washington DC: US nuclear regulatory commission, 1977.

［8］张敬才. NRC-RG1. 99-2 中 LWR-RPV 辐照脆化效应预计公式讨论［J］. 核动力工程，2009，30（6）：1-7.

［9］NRC. Radiation embrittlement of reactor vessel materials: regulatory guide 1.99 revision 2［S］. Washington, DC: US nuclear regulatory commission, 1988.

［10］F W Stallman et al. PR-EDB: power reactor embrittlement data base, version 2: NUREG/CR-4816, ORNL/TM-10328/R2［R］. Rev.2, ORNL, Oak Ridge, TN, January 1994.

［11］E D Eason, G R Odette, J E Wright. Improved embrittlement correlations for reactor pressure vessel steels［R］. NUREG/CR-6551, nuclear regulatory commission Wastington. D.C. 1998.

［12］Kirk M, Santos C, Eason E, et al. Updated embrittlement trend curve for reactor pressure vessel steels［J］. Structural mechanics in reactor technology, 2003.

［13］W Server, C A English, D Naiman, et al. Charpy embrittlement correlations-status of combined mechanistic and statistical bases for US pressure vessed steels (MRPGS), PWR materials reliability program (PWRMRP), EPRI 1000705 [R]. Electric power research institute, Palo Alto, CA, 2001.

[14] Standard guide for predicting radiation-induced transition temperature shift for reactor vessel materials, E706 (IIF): ASTM E900-02 [S]. annual book of ASTM Standards, Vol. 12. 02, ASTM international, west conshohocken, PA.

[15] E D Eason, G R Odette, R K Nanstad, et al. A physically based correlation of irradiation-induced transition temperature shifts for RPV steels: ORNL/TM-2006/ 530 [R]. ORNL, Oak Ridge, TN, 2007.

[16] G R Odette, T Yamamoto, D Klingensmith. The effect of dose rate on irradiation hardening of RPV steels: a comprehensive single variable database and model based analysis [R]. letter report UCSB-NRC-03/1, 2003.

[17] M Kirk, "a review of ΔT30 data for reactor pressure vessel steels obtained at high fluences," J.ASTM Intl. (west conshohocken, PA: ASTM Intl., 2009), JAI102000-8.

[18] M Kirk, 'a wide-range embrittlement trend curve for western reactor pressure vessel steels,' effects of radiation on nuclear materials, ASTM, STP1547, T.Yamamoto(ed.), ASTM international, west conshohocken, PA, 2012, pp.20-51.

[19] AFCEN. Design and construction rules for mechanical components of PWR nuclear islands: RCC-M, 2007 edition [S]. Paris: AFCEN, 2007.

[20] AFCEN. In-service inspection rules for mechanical components of PWR Nuclear Islands: RSE-M, 1997 edition [S]. Paris: AFCEN, 1997.

[21] AFCEN. In-service inspection rules for mechanical components of PWR Nuclear Islands: RSE-M, 2010 edition [S]. Paris: AFCEN, 2010.

[22] 佟振峰，林虎，宁广胜，等. 我国反应堆压力容器辐照监督数据分析及脆化趋势预测评估研究 [G]. 中国原子能科学研究院年报，2009：281.

[23] 佟振峰，林虎，杨文. 反应堆压力容器辐照脆化预测评估方法：201210436604.1 [P]. 2015-09-30.

[24] 王荣山，徐超亮，黄平，等. 反应堆压力容器钢的辐照脆化预测模型研究 [J]. 原子能科学技术，2014，48（10）：1862-1866.

[25] NRC Code of Federal Regulations, Chapter 10, Part 50, Appendixes G.

[26] NRC Code of Federal Regulations, Chapter 10, Part 50, Appendixes H.

[27] Code of Federal Regulations, Chapter 10, Part50. 61：防止承压热冲击的断裂韧性要

求（PTS）[R].

[28] Regulatory guide 1.99 "radiation embrittlement of reactor vessel materials"

[29] Regulatory guide1.150 ultrasonic testing of reactor vessel welds during preservice and inservice examinations

[30] Regulatory guide1. 190 "calculational and dosimetry methods for determining pressure vessel neutron fluence"

[31] 美国机械工程师协会锅炉与压力容器规范. 核设施部件建造规则：ASME BPVC 第 III 卷 [S].

[32] 美国机械工程师协会锅炉与压力容器规范 ASME BPVC 第 XI 卷《核电厂部件在役检查规则》

[33] Guide for predicting neutron radiation damage to reactor vessel materials, E706(IIF): ASTM E900 [S].

[34] Standard practice for design of surveillance programs for light-water moderated nuclear power reactor vessels: ASTM E185 [S].

[35] Guide for in-service annealing of light-water cooled nuclear reactor vessels: ASTM E509 [S].

[36] Practice for determining radiation exposures for nuclear reactor vessel support structures: ASTM E1035 [S].

[37] Standard practice for evaluation of surveillance capsules from light-water moderated nuclear power reactor vessels: ASTM E2215 [S].

[38] Standard guide for conducting supplemental surveillance tests for nuclear power reactor vessels, E706(IH): ASTM E636 [S].

[39] Standard guide for reconstitution of irradiated charpy-sized specimens: ASTM E1253 [S].

[40] Practice for analysis and interpretation of light-water reactor surveillance results, E706(IA): ASTM E853 [S].

[41] Guide for application of neutron spectrum adjustment Methods in Reactor Surveillance, E706(IIA): ASTM E944 [S].

[42] Standard guide for application of ASTM evaluated cross section data file, Matrix E706(IIB): ASTM E1018 [S].

[43] Standard practice for characterizing neutron exposures in iron and low alloy steels in terms of displacements per atom(DPA), E706(ID): ASTM E693 [S].

［44］ Standard guide for application of neutron transport methods for reactor vessel surveillance, E706(IID): ASTM E482 ［S］.

［45］ Standard guide for benchmark testing of light water reactor calculations: ASTM E2006 ［S］.

［46］ Standard practice for analysis and interpretation of physics dosimetry results for test reactors, E706(II): ASTM E1006 ［S］.

［47］ Standard practice for determining neutron fluence, fluence rate, and spectra by radioactivation techniques: ASTM E261 ［S］.

［48］ Standard practice for extrapolating reactor vessel surveillance dosimetry results, E706(IC): ASTM E560 ［S］.

［49］ Guide for sensor set design and irradiation for reactor surveillance, E706(IIC): ASTM E844 ［S］.

［50］ Standard guide for benchmark testing of reactor dosimetry in standard and reference neutron fields: ASTM E2005 ［S］.

［51］ Standard test method for application and analysis of radiometric monitors for reactor vessel surveillance, E706 (IIIA): ASTM E1005 ［S］.

［52］ Standard test method for application and analysis of solid state track recorder (SSTR) monitors for reactor surveillance, E706 (IIIB): ASTM E854 ［S］.

［53］ Standard test method for application and analysis of helium accumulation fluence monitors for reactor vessel surveillance, E706 (IIIC):ASTM E910 ［S］.

［54］ 轻水反应堆压力容器辐照监督：NB/T 20220—2013 ［S］.

［55］ 压水堆核电厂反应堆压力容器压力–温度限值曲线制定准则：NB/T 20439—2017 ［S］.

［56］ 压水堆核电厂反应堆压力容器防止快速断裂评定准则：NB/T 20440—2017 ［S］.

［57］ 压水堆冷却剂压力边界材料断裂韧性要求：NB/T 20230—2013 ［S］.

［58］ 核电厂用铁素体钢韧脆转变区参考温度 T_0 的测试方法：NB/T 20292—2014 ［S］.

［59］ Wang J A, Kam F B K. Review of the international atomic energy agency international database on reactor pressure vessel materials and US nuclear regulatory commission/ Oak ridge national laboratory embrittlement data base: ORNL/NRC/LTR-97/25 ［R］. Oak Ridge, TN: Oak Ridge National Lab., 1998.

［60］ Wang J A. Lessons learned from developing reactor pressure vessel steel embrittlement database ［J］. ORNL/TM-2010/20, oak ridge national laboratory, oak ridge, TN, 2010.

［61］ Stallmann F W, Wang J A, Kam F B K, et al. PR-EDB: power reactor embrittlement data base, version 2. revision 2, program description: NUREG/CR-4816 ［R］. Washington, DC: nuclear regulatory commission; oak ridge, tn: oak ridge national lab., 1994.

［62］ Wang J A, Subramani R. PR-EDB: power reactor embrittlement database version 3: ORNL/TM-2006/605 ［R］. Washington, DC: nuclear regulatory commission; oak ridge, TN: oak ridge national lab., 2008.

［63］ Stallmann F W, Wang J A, Kam F B K. TR-EDB: test reactor embrittlement data base, version 1: NUREG/CR-6076 ［R］. Washington, DC: nuclear regulatory commission; oak ridge, TN: oak ridge national lab., 1994.

［64］ Wang J A. Embrittlement data base, version 1: NUREG/CR-6506 ［R］. Washington, DC: nuclear regulatory commission; oak ridge, TN: oak ridge national lab., 1997.

［65］ Christian Brillasud, Francois Hedin. In-service evaluation of french pressurized water reactor vessel steel. Effects of radiation on materials: 15th international symposium ［R］. ASTM STP 1125, 23-49.